橋本幸士 編

物理学者、機械学習を使う

機械学習・深層学習の物理学への応用

Using Machine Learning for Physics

橋本幸士　永井佑紀　福嶋健二
大槻東巳　青木健一　村瀬功一
真野智裕　藤田達大　船井正太郎
斎藤弘樹　小林玉青　柏　浩司
藤田浩之　大関真之　富谷昭夫
安藤康伸　久良尚任
著

朝倉書店

■ 編集者

橋本幸士　　大阪大学

■ 著　者

橋本幸士　　大阪大学　（第 0 章，第 13 章）
大槻東巳　　上智大学　（第 1 章）
真野智裕　　上智大学　（第 1 章）
斎藤弘樹　　電気通信大学　（第 2 章）
藤田浩之　　東京大学　（第 3 章）
安藤康伸　　産業技術総合研究所　（第 4 章）
永井佑紀　　日本原子力研究開発機構　（第 5 章）
青木健一　　金沢大学　（第 6 章）
藤田達大　　金沢大学　（第 6 章）
小林玉青　　米子工業高等専門学校　（第 6 章）
大関真之　　東北大学　（第 7 章）
久良尚任　　東京大学　（第 8 章）
福嶋健二　　東京大学　（第 9 章）
村瀬功一　　北京大学　（第 9 章）
船井正太郎　　沖縄科学技術大学院大学　（第 10 章）
柏　浩司　　福岡工業大学　（第 11 章）
富谷昭夫　　理化学研究所　（第 12 章）

まえがき

2018年6月1日，大阪大学南部陽一郎ホールに，物性から素粒子原子核まで，物理の幅広い分野から研究者が集まり，議論が研究会で繰り広げられた．様々な分野をつなぐキーワードはただ一つ，「ディープラーニング」であった．ディープラーニングを学び物理に使い始めた日本の研究者が集合した瞬間であった．今，物理の様々な分野で，機械学習の物理への応用の研究が始まっている．

そこから3カ月遡る，2018年3月の日本物理学会でのこと．物理の分野別に分かれている会場を，行ったり来たりしている人たちに，私は出会った．私もその一人で，ある会場で出会った人と，別の会場でもまた出会う，そんなことを繰り返していた．そう，それらの物理学者は，「機械学習」という観点で物理を捉えようとしていた人たちだった．機械学習が物理のあらゆる分野で使われ始めており，それらの講演があらゆる領域に及んでいるので，機械学習と物理の関係に興味を持つ物理学会参加者は，広い学会会場の多くの講演室を渡り歩く羽目になったのである．その夜，必然的に，渡り歩いた人たちの一部で夕食をともにしていたとき，誰かが「これは，物理と機械学習の両方に興味を持つ人で集まり，議論をする場所を作るべきだ」と言い出した．その前年に関連するトピックのシンポジウムを大阪大学で開いていた私は，「では大阪大学で実施しよう」と提案した．これが“Deep learning and physics 2018”研究会の発端であった．つまり完全にボトムアップで始まったのである．物理学者たちの興味がドライブされるままに研究会が発足し，そして100名を超える参加者が3カ月のうちに集結した．

本書はその研究会での主だった講演者を中心に著者になっていただき，その後の発展も含めて，「機械学習を物理に使ってみた」という素朴な観点から，書き下ろしていただいたものである．各章の著者の物理におけるバックグラウンドは大きく異なっており，物性から素粒子，原子核，宇宙まで幅広く分布している．したがって，その使用法や意義は，各章で大きく異なっている．おおまかに，第 1 部：物性，第 2 部：統計，第 3 部：量子情報，第 4 部：素粒子・宇宙，と分けられているが，この分け方が適切であるとは限らない．機械学習については，第 0 章でその物理との関係の概略が述べられるが，応用する物理のそれぞれにおいて様々な意義づけを持ちうる．もし応用手法で分類すれば，全く異なった構成の書になるだろう．その分類を詳しく精査するのではなく，むしろ，現時点での様々な方向性を集めた本書は，これからの発展の多様性と可能性を示唆してくれるものである．

すなわち本書は，機械学習を使った物理学研究に対する関心の高まりに応えるべく，物理と機械学習・深層学習をテーマとする学術書として，機械学習・深層学習を使った研究を進めている物理学者の方々にご自身の研究をご紹介いただき，物理学科の学生・研究者や物理に深い興味を持つ一般読者の方々の学習・研究に役立てていただくために，作られた．

“Deep learning and physics 2018” 研究会では，話の尽きないほど色々な話題と議論で盛り上がり，その後も研究の進展に興奮し，そういった物理と機械学習の楽しさを世の物理に興味を持つ人たちに広く伝えることが必要ではないかと感じたことから，この度の出版に至ったことを，大変嬉しく思う．執筆を快く引き受けてくださった各章の著者の皆さん，力を貸してくださった朝倉書店の方々に心より感謝したい．

最後に，上記研究会の開催趣旨をここに再掲しよう．「深層学習 (deep learning) は人工知能 (artificial intelligence, AI) 研究の中心的存在であり，近年大きな発展を遂げています．その中には物理に基礎を置く考え方が多く見られ，結果として必然的に，深層学習と物理は大変親密な関係にあります．本研究会は，深層学習の物理学研究への応用，また，理論的枠組みの相似性を探求し理論物理学において新たな技法とパラダイムを開拓すべく，企画されました．急速に進展する本研究分野の議論に，多数の研究者のご参加を期待します．」

2019 年 4 月

橋 本 幸 士

目　次

第2部　統　計

第 11 章 量子色力学の符号問題への機械学習的アプローチ ［柏 浩司］ 154

第 12 章 格子場の理論と機械学習 ［富谷昭夫］ 167

第 13 章 深層学習と超弦理論 ［橋本幸士］ 180

第 0 章

機械学習，深層学習が物理に何を起こそうとしているか

機械学習の物理学への応用研究が，物理学のあらゆる分野で加速拡大している．本章では，本書全体の前提に関わること，すなわち，機械学習・深層学習とはどういうもので，それはどのように物理の研究に使うことができるのか，を概観してみよう．次章から繰り広げられる多様な物理への機械学習の応用が，どのような位置づけでなされているか，といった観点を得る手がかりが本章で提供される．

0.1 機械学習とは

誤解を恐れずにいえば，**学習** (learning) とは，非線形関数の最適化である．機械学習とは，その最適化を自動的に行っていく手続きのことである．実のところ，この言い方は誤解を招きやすい．機械学習の長い歴史は，人工ニューロンの定義から形式的な神経ネットワークの構成を行ったことに一つの端を発するのであるし，近年の構成的手法やその応用は，もちろん「非線形関数の最適化」という文言を大きく超えて意義づけられるべきである．しかし，私が物理学者の一個人として「学習」の概念を初めて学んだ際の経験から，「学習」の物理学における明確な位置づけの一つとして，「学習とは非線形関数の最適化」という形の理解が，入り口としては最もわかりやすいと考える．

非線形関数とは定義により線型ではない関数のことであるから，およそほとんど一般的な関数すべてである．深層学習においては，任意の関数を深層ニューラルネットワークが定義する非線形関数で十分に近似できるという万能近似定理 (universal approximation theorem) が知られているため，およそ科学的に必要であると考えられる任意の形の関数を，機械学習では取り扱うことができ

ると期待される．そのような非線形関数を「最適化する」という意味は，何であろうか．

非線形関数は写像であるから，

$$y = f(x) \tag{0.1}$$

と書いたとすれば，x が入力，y が出力であり，f がその非線形関数である．この関数 $f(x)$ にまつわる写像について，科学的な問題の設定方法として，次の三つがあると考えられる．

順問題　　関数 f と入力 x が与えられたとき，出力 y を計算せよ．
逆問題 (1)　　関数 f と出力 y が与えられたとき，入力 x を計算せよ．
逆問題 (2)　　入力 x と出力 y が与えられたとき，関数 f を求めよ．

第一の「順問題」は通常の科学の作業であり，そもそも計算を具体的に実行することすら様々な困難が伴うものであるから，順問題の優位性が損なわれるわけではない．一方で，**逆問題** (inverse problem) は，さらなる困難が伴う．逆問題 (1) は，例えば初期値問題といったものである．時間発展の方程式が与えられた際に，終状態から始状態を求める問題が，初期値問題である．これは境界値問題の一種である．例えば，空間伝導の方程式が与えられ，一部の境界面での観測値がわかっているとき，残りの境界面での値を求める問題である．

逆問題 (2) は質的に困難さが異なる．システム決定問題とも呼ぶことができるこの逆問題は，機械学習が得意とする問題であり，加えて，物理学の革命的発展は逆問題を解くことによって起こってきたともいえよう．例えば，ティコ・ブラーエの惑星観測データからケプラーの第 3 法則が発見されたように，様々な観測データが与えられたとき，その背景にある方程式すなわち関数を求める，という問題である [*1]．

逆問題 (2) において重要であるのは，何を入力とし，何を出力とするか，である．出力が何であるのかすら，自明ではない問題も多い．データの特徴を見出してそれを分類せよ，といった問題は，出力が何であるかが決まっていない．物理の法則が発見される，ということの裏には，まずは方程式の入力と出力を

[*1] 関数 $f(x)$ を，例えば多項式展開などで近似した際，展開係数などがパラメータとなる．パラメータの数が少ない場合は「モデル化」と呼ばれる．

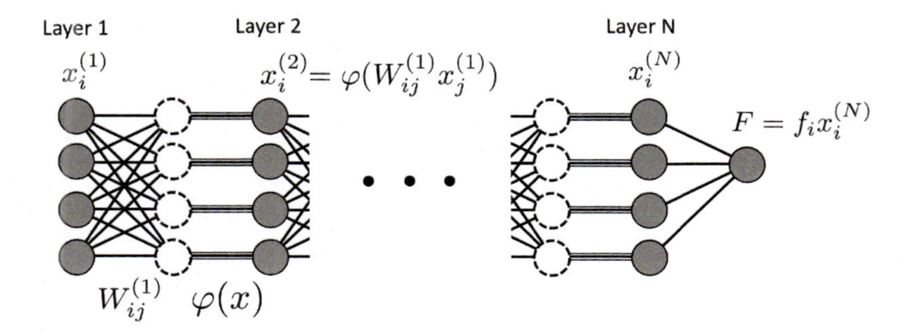

図 **0.1** 深層ニューラルネットワーク．丸はユニット，線は重み，三重線は活性化関数を表す．

どのように選ぶか，それに伴って特徴をどう原理として採用するか，に大きくよっている．機械学習は，このような逆問題 (2) を解く可能性を持つ，計算可能なフレームワークであると考えられている．

0.2 深層学習のフレームワーク

ここでは簡単に，深層学習で用いられる非線形関数を説明しよう *2)．機械学習においては，ニューラルネットワーク (neural network) のグラフ構造が与えられれば，それに対応した非線形関数が与えられる．図 0.1 は典型的な深層ニューラルネットワークである *3)．

(x, y) がそれぞれベクトルであるとき，関数を次のように考える：

$$x_i^{(k)} = \varphi\left(\sum_j W_{ij}^{(k)} x_j^{(k-1)} + b_i^{(k)}\right), \quad k = 1, 2, ..., N. \tag{0.2}$$

ここで $y \equiv x^{(N)}, x \equiv x^{(0)}$ である．出力を単一の値 F にしたければ，最後に $F = \sum_i f_i x_i^{(N)}$ の演算を行えばよい．線形変換と非線形変換 φ を交互に挟み込んで，最終的に $y = f(x)$ の形の非線形変換が構成される．図 0.1 を見ると，その構造が一目瞭然であろう．丸が縦に並んだ層が，右側へ積み重なっている

*2) より詳細については次章や各章に譲り，ここでは最低限の事項にとどめる．

*3) 通例はグレーの丸と点線の丸は一つの丸として重ねて描かれるが，ここではその役割を明確にするため分けて描いてある．

構造である．これを多層ニューラルネットワークと呼ぶ．深層学習とは，層の多いニューラルネットワークで与えられる非線形関数を，入力と出力が関連づくように最適化することをいう．

この非線形関数において，丸で表されているものを**ユニット** (unit) と呼び，そこには，左側からやってきた演算の結果の値がそれぞれ格納されている．演算は線で表される．線形演算 W は**重み**（または**ウェイト**，weight），b は**バイアス** (bias) と呼ばれ，それらは最適化をする際に変化するパラメータを成分として構成されている．非線形演算 φ は**活性化関数** (activation function) と呼ばれ，ある決まった関数を採用する．よく使われるものに ReLU(rectified linear unit) と呼ばれる

$$\varphi(x) \equiv \begin{cases} 0 & (x < 0), \\ x & (x \geq 0) \end{cases} \tag{0.3}$$

がある [*4]．

最適化をどのように行えばいいだろうか．**教師あり学習**の例を紹介しよう．実験などで得られた教師データとして，$(x, y) = (x_1, y_1), (x_2, y_2), \ldots$ を用意する．このデータセットを用いて，非線形関数を $y = f(x)$ として，すべてのデータで答えをきちんと出すような f を見つけることができればよいわけである．そこで，**誤差関数** (error function) として

$$\mathcal{E} \equiv \sum_i \left| y_i - f(x_i) \right| \tag{0.4}$$

が小さくなることを要求する [*5]．非線形関数の重み W とバイアス b に適当な初期値を仮定し，それを**勾配降下法** (gradient descent method)

$$W_{\text{new}} = W - \epsilon \frac{\partial \mathcal{E}}{\partial W} \tag{0.5}$$

で徐々に更新していけば，最終的には誤差関数 $\mathcal{E}$ が最小になる点に到達するで

[*4] 閾値 $x = 0$ がニューロンを発火させるかどうかをコントロールする，と考える．閾値による 2 値の出力を模型化した活性化関数としては，シグモイド関数 $\varphi(x) \equiv (1/2)(\tanh(x) + 1)$ がある．

[*5] ここで定義した誤差関数は，単純に，正解との差の絶対値をとったものである．ほかにも，差の 2 乗をとるものや，より情報理論的な距離的な測度を用いる場合もある．

あろうと期待される．これが機械学習である [*6)]．

0.3　機械学習と物理

前節で概観した機械学習のフレームワークを元として，その物理学との関係をここでまとめてみたい [*7)]．機械学習が物理学と関係する重要な観点として，次の三つのものがあろう．

- 特徴抽出による物理計算の高速化
- スピン系の物理の埋め込み
- ネットワークの構造と物理系の関係

それぞれについて以下に簡単に述べるが，これらは相互に関係しており，その総体として物理と機械学習の研究が進められていると考えられる．

0.3.1　特徴抽出による物理計算の高速化

近年，素粒子実験や宇宙観測において機械学習が本格的に使用され始めているが，これには機械学習における特徴抽出の能力が大きな理由として存在している．例えば超新星の観測においては，望遠鏡の膨大な観測データ（画像）において，超新星であると考えられる天体をまず探し出すことが大きな課題であるが，宇宙の遠方までの観測や高解像度の撮像が可能になってきた現在，膨大な量のデータがあり，そこから天体を探し出すことには大きな労力が必要である．機械学習による画像認識を用いれば，ある程度の学習ののちに構築されるニューラルネットワークを用いて，天体の識別を行うことが可能になる．元来は科学者が超新星の特徴を細かく数式化し画像の分別のために用いていたところが自動化される，というわけである．

---

*6)　深層でも勾配降下法がうまく動くようになるためには，誤差逆伝播があるようなネットワークで勾配消失が起こらないような配慮が必要である．また，学習のしすぎ（**過学習**, overfitting）の状態になってしまうと，未知のデータに対して正しい結果を予想する汎化 (generalization) が起こらなくなる．これらの重要な機械学習の概念については，他の教科書などを参考にしていただきたい．物理の観点からの機械学習については教科書[1)] を参考にされたい．

*7)　もちろん，現在発展中の研究領域であるため，本節で挙げている事項は甚だ限定的であり，また個人的な視点に基づくものであることはご容赦願いたい．

もう一つ例を挙げよう．場の量子論などにおいて経路積分を行う際に，すべての場の配位について本当に足し上げるのは効率が悪いため，通常，マルコフ連鎖モンテカルロ法（MCMC 法）と呼ばれる手法で，最終的には経路積分の正しい重みが再現されるような場の配位のサンプリングが行われている．サンプリングの際には，場の配位を生成しては，それが使えるものかどうかを判断して採用／棄却を行っているのであるが，採用される配位を効率よく生成する方法が求められている．そこで，この配位生成において，機械学習を導入し，結果的に棄却が少なくなるような生成を行うように学習をさせることができれば，サンプリングが高速化される．

これらの例は，科学者が行っていた特徴抽出の一部を機械学習に任せることによって，一般的な特徴抽出を行い，より科学研究を高速化することができる，という機械学習の使用例である．物理学だけにとどまらず，様々な科学でこの手法が適用され，大きな成果を挙げつつある．また，得られた特徴抽出は科学者が捉えきれていない特徴である可能性も高いことから，単によりよい自動化であるにとどまらず，新しい科学的特徴を，機械学習的ブラックボックスの問題を超えて与えてくれる可能性もあり，それは本質的な科学の進展である．

0.3.2　スピン系の物理の埋め込み

前述のように，機械学習における非線形関数の構築は，ニューラルネットワークと呼ばれる特殊なネットワークに基づいて定義されるが，ニューラルネットワークはもともと，人工ニューロンのネットワークとして，脳のニューロンのネットワークを模して作られているものである．ニューロンは，通常の状態と発火状態の 2 状態を持ち，ニューロンに入力される信号がある閾値を超えたときに発火状態へと遷移し，それが軸索を伝わってネットワークの次のニューロンへの入力となる．

このニューロンの 2 状態を模して作られる人工ニューロン（それはユニットと呼ばれる）は，2 状態をとりうることを前提に作られているが，一方，物性物理学の基礎的な系はたくさんの粒子がそれぞれスピンを持って並んでいる系であり，スピン 1/2 の粒子であれば 2 状態をとりうる．すなわち，それぞれのシステムは自由度的には似ている．

実際，ホップフィールド模型と呼ばれる脳の記憶の模型は，スピン自由度が様々に結合した物理系 *8) をもとに作られており，これが現在使われているニューラルネットワークの原型ともいえるものである．また，ボルツマンマシンと呼ばれる機械学習の模型は，スピンが互いに結合したハミルトニアンを用意し，その熱的な分布をスピン配位の生成確率とみなす模型であるから，まさにスピン模型といえる．すなわち物理学における多粒子のスピン模型が，ニューラルネットワークの歴史的に初期の段階の模型として使われているために，物理学と機械学習の親和性は高いものになっているのである．

注意したいのは，物理学においては通常は順問題として，系を定義するために模型ハミルトニアンをまず書いた上でそのスペクトルや応答など物理量を計算するのだが，機械学習においてはそうではなく，逆問題である．ボルツマンマシンは，観測されたデータの確率分布を再現するための模型であるので，そのハミルトニアンは未知のものである．未知のハミルトニアンによる確率分布という非線形関数をデータに合うように最適化することが学習である．

このような親和性から，スピンを扱う物性物理への機械学習の応用がなされている．例えばボルツマンマシンは入力としての 2 値変数の集合を与えればその実現する確率を与える模型であるため，スピン自由度の波動関数を探すよい模型となりうる．なぜなら，一般に波動関数 ψ は

$$|\psi\rangle = \sum_{s_1, s_2, \ldots} c_{s_1, s_2, \ldots} |s_1\rangle |s_2\rangle \cdots \tag{0.6}$$

と基底分解できるため，分解後の係数 $c_{s_1, s_2, \ldots}$ を求めたい非線形関数であると考えれば，波動関数を求める問題がボルツマンマシンなどの最適化に帰着するからである．

この親和性に基づけば，基底状態の波動関数の発見にとどまらず，スピン系のハミルトニアンの発見や，さらには，ボルツマンマシン自体を物理系であるとみなすような研究の方向が拓けている．

---

*8) 結合が一様ではない，すなわち結合の各スピンペアにおける結合定数がペアによって異なる一般の場合には，エネルギーの基底状態として現れるスピン配位は一意的ではなくなり，多数の状態がエネルギーの低い状態として縮退する．これをフラストレーションと呼ぶ．脳の記憶はフラストレーションによる配位であるとの考え方が，ホップフィールド模型である．

0.3.3 ネットワークの構造と物理系の関係

おおよそすべての物理系は，微分方程式と重みの分配で決まっているといっても過言ではないだろう．微分方程式のような考え方が，機械学習とどのように関係しうるのだろうか．上述のように，非線形関数はニューラルネットワークで十分近似ができるほど，機械学習は大きなフレームワークである．一方で微分方程式は非線形であるのみならず微分演算が含まれているので，そのままではニューラルネットワークにはなじまないように思われるかもしれない．

微分方程式の解やその挙動を解析した経験のある者なら，数値的に関数を取り扱うためには微分を差分に置き換えなければならないことを知っているだろう．これは，$F(x)$ の微分を $(F(x+\Delta x)-F(x))/\Delta x$ に置き換える手続きである．空間や時間自体が Δx の大きさの格子に分割され，その格子が小さくなる極限で連続的な時間や空間が再現される．これを時間や空間の離散化と呼ぶ．

離散化した微分方程式は特定の差分方程式となるが，差分方程式となればニューラルネットワークに親和性が強くなる．ハミルトン方程式のように微分方程式が発展方程式と直結していれば，ニューラルネットワークのアーキテクチャにおけるある離散的な方向を発展の方向と同一視することで機械学習のニューラルネットワーク自体を微分方程式と同一視することができる．

実はこのような同一視に起因するネットワークの構成は，より学習が進むようなニューラルネットワークの発見に用いられてきた．ResNet と呼ばれるニューラルネットワークは，層を飛び越える特定の結合を許すために学習が高速化されているが，これは差分方程式そのものといってよい．このように，微分方程式とニューラルネットワークの関係は，動機の違いこそあれ，より広まってきているといえよう．

また，機械学習への物理への応用を考える際，ニューラルネットワーク自体を微分方程式が乗る空間と考えることは，様々な応用の可能性を想起させる．例えば，先述のスピンのネットワークのように，ネットワーク自体を物理系であると考えるのである．また，前節のフィードフォワード型の深層学習のように，ある方向へニューロン（ユニット）の列（層と呼ばれる）が積み重なっているニューラルネットワークの場合は，その方向を離散化した空間や時間の方向であると自然に考えることができる．

また，層が深くなる方向は物理における繰り込み群の方向と考えることもできよう．その場合は，ニューラルネットワークの深さが，エネルギーが下がったり，もしくは粗視化を行ったりする回数に相当することになる．実際，畳み込みニューラルネットワーク (CNN) と呼ばれる画像認識のための層間構造は，近隣のユニットの値を平均化するなどのフィルター操作となっており，実空間繰り込み群に使われる繰り込み変換を含んでいると考えられるのである．

0.4　学習は物理に何を起こそうとしているか

最初に述べたように，機械学習は非線形関数の最適化であるという観点から，逆問題を解く機械学習は，学習済みのニューラルネットワークの構造をつぶさに見れば，本当の物理的発見へと導く可能性を持っている．しかし一般的にはそれは非常に困難である．というのは，非常に多くのパラメータを持つニューラルネットワークは，それがたとえ最適化されたとしても，最適化を試すごとに得られたニューラルネットワークの重みは異なっているのが通例であるからである．すなわち，誤差関数の極小点は多数あり，そのどれもが「よい」機械として振る舞うのである．

教師として使われていない新しいデータ入力に対しても正しい答えを返す「汎化」と呼ばれる機械学習の本質的な性能の理由はこの誤差関数の構造にあるかもしれないが，現時点では機械学習がうまくいく理由としての原理は発見されておらず，その意味では機械学習はブラックボックスでもある．上述のように，機械学習のコンセプトには物理学由来のものが多く含まれ，親和性が高い．そのため，学習の謎についての研究の進展も，物理学からの貢献が期待できるのではないだろうか．

機械学習は，特徴抽出の自動化による計算や研究の高速化，といった重要な研究貢献をすでにもたらしつつある．それだけではなく，様々な分野において機械学習の利用によって得られる物理系の新しい見方が増えてくれば，ブラックボックスの謎の解明にも寄与できる可能性がある．逆問題を解くことが物理学の革命につながっており，それに機械学習が本質的な貢献をする可能性があるが，これがどのような研究の展開を生むかは，今後の研究の進展を待つしかないだろう．

前節で述べたような三つの観点は，極めて初歩的なものにすぎない．したがって，今後研究が進んでいくにつれ，新しい観点も登場してくるだろう．非線形関数の最適化，という単純な文言を超えた新しい物理の発見が，機械学習と物理の境界領域から生み出されることを期待したい．

［橋本幸士］■

文　献

1) 田中章詞・富谷昭夫・橋本幸士,『ディープラーニングと物理学』講談社 (2019).

第 1 部

物 性

第 1 章

深層学習による波動関数の解析

1.1 は じ め に

最近，自動車の自律運転，機械翻訳・通訳，囲碁などのボードゲーム対戦，病気の診断などに人工知能を使ったという話題[1~4]がホットである．そうした中，物性物理の諸問題に機械学習を使おうという試みも盛んになってきた．実際，2016 年の中頃からプレプリントサーバー (arXiv) がこのテーマで賑わい出し，American Physical Society March Meeting でも機械学習セッションが活況を呈し，日本物理学会でもこのテーマのシンポジウムが開催されている．機械学習は幅広い手法を指す．やや単純化した言い方をすると，データを与えて，そのデータからパラメータを最適化し，得られたパラメータから新たに何かを予想するのが機械学習である．本章では機械学習の中でも，ニューラルネットワークを使った**深層学習** (deep learning)，特に画像解析をどのように物性物理に応用するかを解説する．

物性物理で中心的な役割を果たすのは電子の波動関数やスピン配列なので，これらを画像として解析すればよいというのがそのアイデアである[5~12]．ただし，この方法では波動関数やスピン配置は別の方法で用意する必要がある．その用意するという作業が困難な場合，機械学習の方法[13~18]で波動関数などを用意することが考えられるが，それは別の章を参照されたい[*1] (第 2 章参照)．

温度を変えていくことで生じる秩序・無秩序転移が熱的相転移である．一方，温度は絶対零度のままでも，ハミルトニアンのパラメータを変えることで，波

[*1] 有効ポテンシャルやハミルトニアンを構築するのも興味深い[19,20] (第 3 章，4 章参照)．

動関数などの性質が質的に変わり相転移が起こる．このタイプの相転移は**量子相転移** (quantum phase transition) として，最近盛んに研究されている．この章では，**畳み込みニューラルネットワーク** (convolutional neural network, **CNN**) と呼ばれる深層学習の手法で波動関数を学習し（というか学習させ）その特徴を捉え（というか捉えさせ），それによりランダム電子系の様々な量子相転移の相図が描けることを紹介する [*2]．ここで紹介するのはニューラルネットワークを使った物理の研究のごくごく一部であり，また紙面の関係上，引用できなかった研究がほとんどであることをあらかじめお詫びする．

1.2 モ デ ル

ここではランダムポテンシャル中を運動する量子力学的な粒子（電子）を考える．格子モデルを考える，もしくは連続空間を離散化することで，この問題は以下のハミルトニアンで記述される．

$$H = \sum_{\boldsymbol{x}} v_{\boldsymbol{x}} |\boldsymbol{x}\rangle \langle \boldsymbol{x}| - \sum_{\langle \boldsymbol{x}, \boldsymbol{x}' \rangle} V_{\boldsymbol{x},\boldsymbol{x}'} |\boldsymbol{x}\rangle \langle \boldsymbol{x}'| \,, \tag{1.1}$$

ここで $\boldsymbol{x}$ は d 次元単純立方格子上のサイトを表す．$v_{\boldsymbol{x}}$ はサイト上のランダムポテンシャルで，手始めに $v_{\boldsymbol{x}} \in [-W/2, W/2]$ の一様分布とする．$V_{\boldsymbol{x},\boldsymbol{x}'}$ は最近接サイト $\boldsymbol{x}$ と $\boldsymbol{x}'$ の間の飛び移り積分 (transfer integral) でこれを調整することでモデルの**ユニバーサリティクラス**[21〜28] を変えたり，モデルを量子パーコレーションモデル（格子上のサイトがランダムにつながっているモデル）に変えることが可能となる．

ランダム行列理論では[22, 23, 29]，ランダムな行列要素を持つハミルトニアンの集合 S を考える．この集合は $S = A^{\dagger} S A$ を満たす行列 A によって分類される．ハミルトニアンが時間反転対称性とスピン回転対称性を持つ場合，A は直交行列となり，それゆえハミルトニアンの集合は直交ユニバーサリティクラスと命名されている．具体的には実対称行列がこれに該当する．時間反転対称性が破れている場合，A はユニタリー行列となり系はユニタリーユニバーサリティクラスに分類され，時間反転対称性は持つがスピン回転対称性をもたない

---

*2) ランダム系は乱数を変えることで学習データを増やすことができるので，この研究の有効性を検証するのに都合がよい．

場合，A はシンプレクティック行列となり，系はシンプレクティックユニバーサリティクラスに分類される．この分類に従うと，アンダーソンモデル，すなわち $V_{\boldsymbol{x},\boldsymbol{x}'}=1$ としたものは，時間反転対称性を持つので直交ユニバーサリティクラスに属する．$V_{\boldsymbol{x},\boldsymbol{x}'}=\exp(i\theta_{\boldsymbol{x},\boldsymbol{x}'})$ とすると時間反転対称性が破れ，モデルはユニタリーユニバーサリティクラスに属する．本章ではこの例として最もランダムな U(1) 行列，すなわち $\theta_{\boldsymbol{x},\boldsymbol{x}'}$ を $[0,2\pi)$ の一様乱数とするとしたものを扱う．

時間反転対称性は保たれているが，スピン軌道相互作用によりスピン回転対称性が破れているという状況を解析する場合，$V_{\boldsymbol{x},\boldsymbol{x}'}$ を SU(2) 行列とする[30~33]．本章ではその中でも最もランダムな SU(2) 行列を考える．その表式は以下のようになる．

$$V_{\boldsymbol{x},\boldsymbol{x}'}=\begin{pmatrix} e^{i\alpha_{\boldsymbol{x},\boldsymbol{x}'}}\cos\beta_{\boldsymbol{x},\boldsymbol{x}'} & e^{i\gamma_{\boldsymbol{x},\boldsymbol{x}'}}\sin\beta_{\boldsymbol{x},\boldsymbol{x}'} \\ -e^{-i\gamma_{\boldsymbol{x},\boldsymbol{x}'}}\sin\beta_{\boldsymbol{x},\boldsymbol{x}'} & e^{-i\alpha_{\boldsymbol{x},\boldsymbol{x}'}}\cos\beta_{\boldsymbol{x},\boldsymbol{x}'} \end{pmatrix} \tag{1.2}$$

ただし，α と γ は $[0,2\pi)$ の一様分布とし，β の確率密度 $P(\beta)$ は

$$P(\beta)=\begin{cases} \sin(2\beta) & 0\le\beta\le\pi/2\,, \\ 0 & \text{otherwise} \end{cases}$$

で与えられる．こうしておくと，任意の SU(2) 行列をかけてもこの分布は不変となり，最もランダムな状況が実現されるのである．この場合，モデルはシンプレクティックユニバーサリティクラスに属する．

最近，注目を浴びているトポロジカルな系もこの種のタイトバインディングモデルで記述される[34~36]．例えば 3 次元のトポロジカル絶縁体の場合（1.5 節参照），$V_{\boldsymbol{x},\boldsymbol{x}'}$ はガンマ行列になり，ワイル半金属の場合，パウリ行列となる．

量子パーコレーションの場合[37~40]，オンサイトポテンシャルを 0 とする，すなわち，$H=\sum_{\langle\boldsymbol{x},\boldsymbol{x}'\rangle}V_{\boldsymbol{x},\boldsymbol{x}'}\left|\boldsymbol{x}\right\rangle\left\langle\boldsymbol{x}'\right|$ を考える．こうすると簡単になるように思えるが，量子パーコレーションの場合，格子点や格子をつなぐボンドがランダムに 0 になるので，状態密度がスパイキー（滑らかでなく，鋭いピークを不規則に示すこと）になる，また転送行列が使えないなど，より解析が困難である．

具体的には，サイトポテンシャルを $0(W=0)$ とし，最近接サイト間のトランスファーを

$$V_{\boldsymbol{x},\boldsymbol{x}'} = \begin{cases} 1 & \text{つながっているボンド,} \\ 0 & \text{切れているボンド} \end{cases} \tag{1.3}$$

とする．サイトが確率 p_S で占有されており，最近接のサイトが両方とも占有されているときのみ $V_{\boldsymbol{x},\boldsymbol{x}'} = 1$ とするのがサイトパーコレーションモデル，確率 p_B で $V_{\boldsymbol{x},\boldsymbol{x}'} = 1$ とするものがボンドパーコレーションモデルである．p_S, p_B が小さいと系は孤立した（局在した）クラスターのみからなり，波動関数は自明に局在する．p_S, p_B がある値を超えると系の端と端をつなぐクラスターが現れる．これが古典的なパーコレーション閾値 p_c である．これは系の端と端をつなぐ非局在な波動関数（つまり金属的な伝導）が現れる必要条件であるが，十分条件ではない．サイトがつながっていてもサイト上の波動関数は局在しうるからである．クラスター上の波動関数も非局在となって初めて金属的な伝導が期待されるので，この金属的な伝導が現れる p_S, p_B の値を量子パーコレーション閾値と呼び，p_q と表す．$p_q \geq p_c$ である [*3)]．本章では，サイトパーコレーション（図 1.1）を例として取り上げる．なお，量子パーコレーションでは，$E = 0, \pm 1, \pm\sqrt{2}, \pm\sqrt{3}$ などに分子状態と呼ばれる強く局在し縮退した状態[40, 41]が現れる．この縮退のため，本来は局在している波動関数の任意の線型結合が可能となり，波動関数の局在，非局在の判定が一意的にできない．そこでごく弱いランダムポテンシャルを導入し，分子状態の縮退を解くという工夫をする．

こうしたランダムな系では，次元，ランダムネスの大きさ W，ボンドやサイトの占有確率，固有エネルギーによって波動関数が

$$\psi(\boldsymbol{x}) \sim \exp\left(-\frac{|\boldsymbol{x} - \boldsymbol{x}_0|}{\xi}\right), \quad |\boldsymbol{x} - \boldsymbol{x}_0| \gg \xi \tag{1.4}$$

のように，中心 $\boldsymbol{x}_0$ から十分離れると，局在長 ξ で指数関数的に減少する局在状態になる．これが**アンダーソン局在** (Anderson localization) で，フェルミエネルギー E での波動関数がこのように局在すると系は絶縁体となるので，この波動関数が属する相は**アンダーソン絶縁体相**となる．一方，フェルミエネルギーにおける波動関数が非局在の場合，系は金属である．本章では，まず波動関数の局在，非局在を判定させることで，系が絶縁体か金属かを判定させる問題を

---

*3) サイト，ボンドパーコレーションで p_c, p_q の値は異なる．

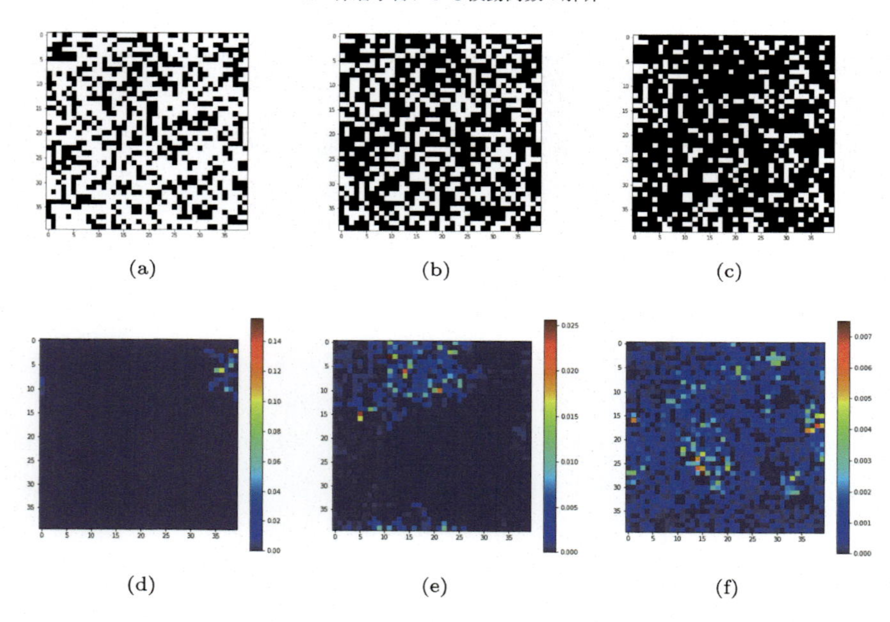

図 1.1　サイトパーコレーションの模式図．(a) 有限のクラスターしか現れない $p = 0.4 < p_c = 0.5927\cdots$ の場合，(b) 端から端までつながったクラスターが現れる $p = 0.63 > p_c$ の場合，(c) 十分格子がつながった $p = 0.8 > p_c$ の場合．(d), (e), (f) はそれぞれ (a), (b), (c) の格子上で定義された波動関数の例（最近接格子間のトランスファーは SU(2) 行列）．(b) のように格子が端から端までつながっても (e) のように波動関数は局在したままである．(c) のように十分格子がつながって初めて (f) のように波動関数が広がる．

考える [*4]．すでに絶縁体，金属とわかっている相における波動関数を図 1.2 に示す．局在，非局在の判定は，有限系の対角化では人の目で判断するのは難しいことがわかると思う．ニューラルネットワークの出番である．

1.3 手　　　法

あるパラメータがどの物質相（例えば金属や絶縁体）かを判定させるため，本研究ではニューラルネットワークの中でも特に画像認識に適したルカン (LeCun) らによる畳み込みニューラルネットワーク（CNN，図 1.3）[43] を使おう．

[*4] ここでは局在・非局在と，絶縁体・金属は同義語である．

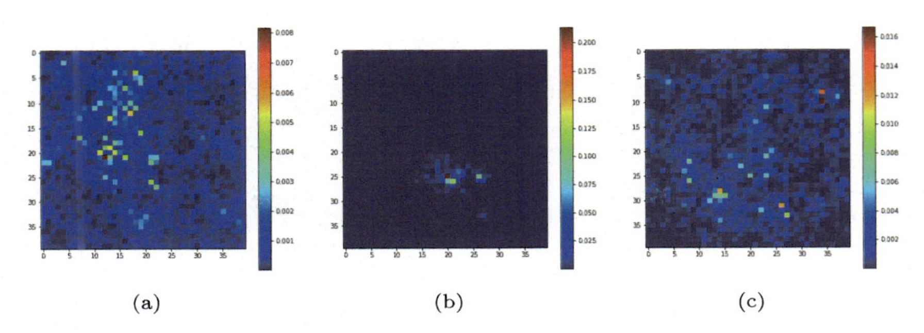

(a)　(b)　(c)

図 1.2　2 次元のスピン軌道相互作用が強い系での波動関数．通常，2 次元系では波動関数はすべて局在するが[42]，スピン軌道相互作用が強い系では局在–非局在転移が起こる[24, 25]．(a) ランダムな SU(2) モデルで $W = 3$ の場合，バンド中心の波動関数は広がるが，(b) $W = 10$ だと波動関数は局在する．(c) $W = 6.8$ の場合，系は絶縁体相であるが，目で見ても局在しているかどうか判定が難しい[5]．

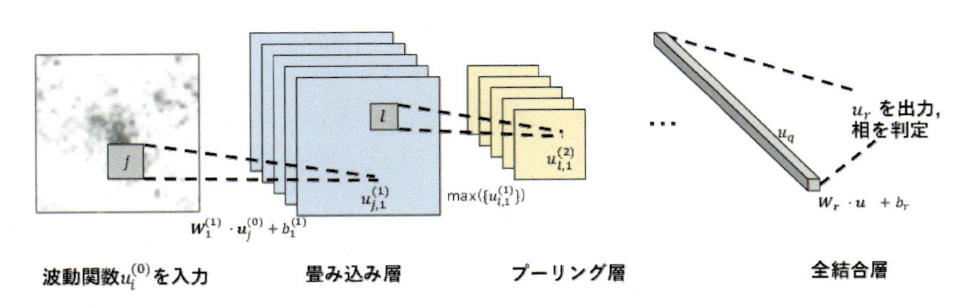

図 1.3　CNN の模式図．より高次元の場合，入力，隠れ層の図が高次元となるが全結合層は 1 次元のままである．

話を簡単にするため，2 次元画像を例にとろう．高次元への拡張は簡単である．サイト $\boldsymbol{x} = (x, y)$ を示すサイト i における波動関数の確率密度 $|\Psi(\boldsymbol{x}_i)|^2$ を，CNN への入力 $u^{(0)}_i$ とする．第一層は，**畳み込み層** (convolutional layer) と呼ばれる．この操作では入力 $\boldsymbol{u}^{(0)}$ からある大きさのセル（例えば 4×4 の正方形）を切り出し，

$$u^{(1)}_{j,k} = \boldsymbol{W}^{(1)}_k \cdot \boldsymbol{u}^{(0)}_j + b^{(1)}_k \tag{1.5}$$

と変換する．$\boldsymbol{u}^{(0)}_j$ は j 番目のセル内の $u^{(0)}_i$ を 1 次元ベクトルとしたもので，$\boldsymbol{W}^{(1)}_k$ はそれと同じ次元（4×4 のセルを切り出す場合は 16 次元）を持つチャン

ネル k の重みベクトルである．$\boldsymbol{W}_k^{(1)}$ はセルを切り出す位置 j によらない [*5]．$\boldsymbol{b}^{(1)}$ はバイアスと呼ばれ，これが 0 でない場合，変換はアフィン変換となる．畳み込み操作は，入力データの局所的な特徴を抽出し，出力 $\boldsymbol{u}^{(1)}$ を得る．$\boldsymbol{u}^{(1)}$ も画像であるが，チャンネルの数だけ枚数が増える [*6]．

より深い位置にある畳み込み層でも同様のことを行うが，今度はチャンネルすべてにわたって畳み込みを行うので，$n-1$ 番目の層から n 番目の層への変換は，C_{n-1} を $n-1$ 番目の層のチャンネル総数として，

$$u_{j,k}^{(n)} = \sum_{m=1}^{C_{n-1}} \boldsymbol{W}_{m,k}^{(n)} \cdot \boldsymbol{u}_{m,j}^{(n-1)} + b_k^{(n)} \tag{1.6}$$

と表される．なお，畳み込みの結果得られた $\boldsymbol{u}$ には活性化関数を作用させることが多い．よく使われるのは ReLU (rectified linear unit) であり，これは $\boldsymbol{u}$ のそれぞれの成分に

$$f(u) = \max(0, u) \tag{1.7}$$

という関数を作用させるものである．活性化関数はニューロンの発火を表現し，ほかにも様々な関数が提案されている（第 0 章の式 (0.3) を参照）．

CNN に現れるもう一つのタイプの層は**プーリング層** (pooling layer) である．これは主として畳み込み層の後に置かれ，あるセルの中での最大値を出力する．すなわち，

$$u_{l,k}^{(n+1)} = \max(u_{i,k}^{(n)} \mid i \in l \text{ th cell}) \tag{1.8}$$

である．この操作は，位置のずれによるノイズを除去しつつ，入力データの次元を縮小するという二つの役割を担う．処理はチャンネル毎に行うため，プーリング層の前後でチャンネル数の変化は起こらない．

畳み込み層とプーリング層を適当な回数繰り返した後，CNN の最後に置かれるのは全結合層である．これは畳み込み，プーリングで変換されてできた複数の画像の画素を 1 次元ベクトル $\boldsymbol{u}$ に並べ替え，すべての成分に重みをかけて和をとる．

[*5] 慣例でランダムネスの強さも重みも W と表記する．混乱を避けるため，重みは添え字をつけるかベクトル表現とする．

[*6] 図の例では重みを 5 個用意してあり，変換されてできた図も 5 個となる．

$$u_r = \boldsymbol{W}_r \cdot \boldsymbol{u} + b_r. \tag{1.9}$$

ここで r は各クラスに対応するインデックスである．なお，ここでは全結合層が 1 層の場合のみを考えたが，一般には複数の全結合層が用いられる（例えば LeNet[43] では 2 層）．最後に

$$P_r = \frac{\exp u_r}{\sum_{r'} \exp u_{r'}} \tag{1.10}$$

とする．入力データがクラス r に属する "確率" P_r がこうして得られる．最後の操作は**ソフトマックス** (softmax) と呼ばれる．なお，クラスを表すラベル r は，例えば局在（絶縁体），非局在（金属）の 2 クラス判定の場合，$r = 0$ (局在), 1 (非局在) とする．

CNN が波動関数の属している相を正しく判定できるようになるためには，畳み込み層，全結合層に導入した重みパラメータ $\boldsymbol{W}$，バイアス $\boldsymbol{b}$ を訓練しなければいけない．ここでいう訓練とは，誤差関数が小さくなるように $\boldsymbol{W}, \boldsymbol{b}$ を調整することである．誤差関数としてここでは交差エントロピー，

$$S = -\sum_{r,\alpha} P'_{r,\alpha} \log P_{r,\alpha} \tag{1.11}$$

をとる．ここで $P_{r,\alpha}$ は入力した状態 $|\alpha\rangle$ の波動関数 $\psi_\alpha(\boldsymbol{x})$ がクラス r である確率である．通常のエントロピー $-\sum_{r,\alpha} P_{r,\alpha} \log P_{r,\alpha}$ だと，波動関数と関係なくでたらめに $P_{r,\alpha} = 1, 0$ という出力をするニューラルネットワークでもエントロピーを最小としてしまう．これでは役に立たない．交差エントロピーは，$P'_{r,\alpha}$ を実際に入力データがどのクラスなのかを表すものとしてこれを避ける．例えば $|\alpha\rangle$ が局在状態 ($r = 0$) の場合，$P'_{0,\alpha} = 1, P'_{1,\alpha} = 0$ なので，$-\sum_r P'_{r,\alpha} \log P_{r,\alpha} = -\log P_{0,\alpha}$ となる．状態 $|\alpha\rangle$ の波動関数を正しく局在と判定しない，すなわち $P_{0,\alpha} < 1$ という出力だと，エントロピーが上がってしまうのである．よってニューラルネットワークは状態 $|\alpha\rangle$ とそのラベル r に対して，$P_{r,\alpha}$ をなるべく 1 に近づけようと学習するのである．

$P'_{r,\alpha}$ を与えるには，入力データがどのクラスのものかあらかじめわかっている必要があるので，この学習方法を**教師あり学習** (supervised learning)，用いるデータを教師データと呼ぶ．あらかじめ局在かどうかがわかっている相での波動関数を教師データとして用意し，CNN を鍛えることで，波動関数の抽象的な特徴が重みパラメータ $\boldsymbol{W}$，バイアス $\boldsymbol{b}$ に反映され，今度は相がわかって

いないパラメータ領域の波動関数に対しても有効な判定を行うことができるようになる [*7)].

ニューラルネットワークに量子相転移の相図を決定させる手続きは以下の通りである．ここでは金属–絶縁体転移（すなわち非局在–局在転移）を例に説明する．

1）オープンソースライブラリ Keras[44] を用いて，畳み込み層，プーリング層，全結合層からなるニューラルネットワークを定義する．
2）適当な境界条件（例えば金属–絶縁体転移の例では周期境界条件）を課しハミルトニアンを対角化し，バンド中心付近 ($E \approx 0$) の固有ベクトル $\psi_\alpha(\boldsymbol{x})$ を求め，確率密度 $|\psi_\alpha(\boldsymbol{x})|^2$ を画像とみなし入力データとする．
3）入力データを構築されたニューラルネットワークに流し込み，流し込んだデータが，例えば金属，絶縁体などの物質相を判定できるように，TensorFlow[45] を呼び出して，交差エントロピーを下げるようにパラメータ $\boldsymbol{W}$，$\boldsymbol{b}$ を最適化する．
4）W, p_S などのパラメータを変えて，系を対角化し，その固有ベクトルを全エネルギースペクトルにわたって取り出し，局在・非局在を判定させ，$W-E$，p_S-E の空間で相図を描く．

なお，本章では，波動関数の位相，スピンなどの自由度は入力データに用いず，ひたすら振幅の2乗を入力画像とする．以下に述べるようにそれでももっともらしい結果を与える．このことは，位相，スピンの自由度が固有関数を求める際にすでに振幅に反映されていることを示している．気圧，湿度の情報は雲に反映されており，雲を追えば天気予報がある程度可能なのと似ている．

1.4 ニューラルネットワークが示した相図

1.4.1 2 次 元 系

2次元の量子相転移の例として，最近接トランスファーが SU(2) 行列（式 (1.2)）のアンダーソンモデルを解析しよう．$E=0$ では，ランダムネスの強さ

---

*7) 教師あり学習を行う際，全入力データは使わず 10%は検証用データとしてとっておく．学習を進め，検証用データに対して 99% 以上の精度を得られるようになったところで学習を打ち切り，パラメータが十分最適化されたとみなす．

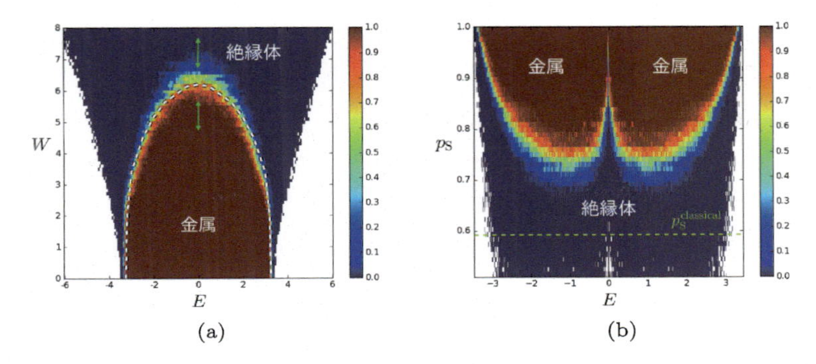

図 1.4　2 次元のスピン軌道相互作用が強い系の相図．(a) ランダムな SU(2) トランスファーを持ったアンダーソンモデルの相図．縦軸はランダムポテンシャルの強さ W，横軸はエネルギーである．破線は転送行列法の結果[32)]，矢印は学習データを用意した領域である．(b) SU(2) のトランスファーを持った量子パーコレーションモデルの相図．縦軸はサイトの占有確率 p_S，横軸はエネルギーである．破線は古典パーコレーション閾値．

W が小さいと非局在，W が大きいと局在し，非局在–局在転移（金属–絶縁体転移）は $W = W_c$ で起きる．転送行列の結果[32, 33)] から $W_c \approx 6.20$ と評価されているので $W \in [4.7, 5.7]$（金属相），$W \in [6.7, 7.7]$（絶縁体相）においてそれぞれサイズ 40×40 の系を 4000 回ずつ対角化し，最も $E = 0$ に近いデータを学習データとして用意する．十分学習が行えたら，新たに W を変えて対角化を行い，今度は全エネルギースペクトルにわたって波動関数を判定させ，$W - E$ の空間での相図を描く [*8)]．結果は図 1.4(a) である．

あるエネルギーとランダムネスで鍛えられた CNN は，今度は別のエネルギーやランダムネスについてももっともらしい判定を行うことが，図 1.4(a) において色が急激に変化するところと点線が一致していることからわかるであろう．こうした性質は汎化性能と呼ばれる．

さらに汎化性能を確かめるため，今度は異なるモデル，量子パーコレーションモデルに上で作った CNN を適用してみよう．まず，最近接間のトランスファーを

$$V_{\boldsymbol{x},\boldsymbol{x}'} = \begin{cases} \text{式 (1.2) の SU(2) 行列} & \text{つながっているボンド}, \\ 0 & \text{切れているボンド} \end{cases} \tag{1.12}$$

---

*8)　スピン自由度についてはあらかじめ $u_i^{(0)} = |\psi_\uparrow(\boldsymbol{x}_i)|^2 + |\psi_\downarrow(\boldsymbol{x}_i)|^2$ のように和をとり，「画像」$u_i^{(0)}$ を学習データとする．

とする．また，先に述べたように縮退した局在分子状態の線型結合を避けるため，弱いランダムポテンシャル $|v_{\boldsymbol{x}}| \ll 1$, すなわち $W = 10^{-3}$ を導入する．サイトの占有確率 p_S を変えてランダムな格子を作り，そこから最大クラスターを抜き出し，対角化して，得られた全エネルギースペクトルにわたる固有関数を判定させると図 1.4(b) のようになる．局在–非局在の転移が p_S を大きくすると生じることがわかる．この転移点が量子パーコレーション閾値 p_q であるが，この図からも p_q が p_c よりも大きく，かつ非単調にエネルギーに依存することがわかる．

1.4.2 3 次 元 系

次に 3 次元のアンダーソンモデルを考える．スピンの自由度は考えず，最近接のトランスファー $V_{\boldsymbol{x},\boldsymbol{x}'} = 1$ とする．このモデルのバンド中心 ($E = 0$) での転移点 W_c は，転送行列法で計算した擬 1 次元局在長を有限サイズスケーリングすることで正確に決定でき，$W_c = 16.54 \pm 0.01$ と評価されている[46,47]．これを既知とし，教師あり学習を行う．絶縁体相 $W \in [17.0, 19.0]$ と金属相 $W \in [14.0, 16.0]$ で，それぞれ $40 \times 40 \times 40$ の系を対角化し，固有エネルギーが $E = 0$ に最も近い固有状態を 4000 個ずつ用意し，各固有状態がそれぞれ電子の局在した絶縁体であること，電子の広がった金属であることを CNN に学ばせていく．

図 1.5(a) は CNN により求めた相図で，図 1.5(b) は (a) で用いた CNN を 3 次元量子パーコレーションに適用したものである．

一度局在，非局在の特徴を CNN が捉えれば，ランダムポテンシャルの確率分布を箱型一様分布から，コーシー分布

$$P(v_{\boldsymbol{x}}) = \frac{W}{\pi} \frac{1}{W^2 + v_{\boldsymbol{x}}^2} \tag{1.13}$$

に変えた場合の相図も容易に描ける．コーシー分布ではランダムポテンシャルの分散が無限大なので，ボルン近似による平均自由行程は 0 という特殊なモデルであるが，CNN はそのようなことはおかまいなしに相図（図 1.6(a)）を与えてくれる．

トランスファーを 1 から U(1) 行列に変えた場合の相図も容易に描ける．トランスファーを U(1) 行列にするというのは，ランダムな磁場がかかっていること

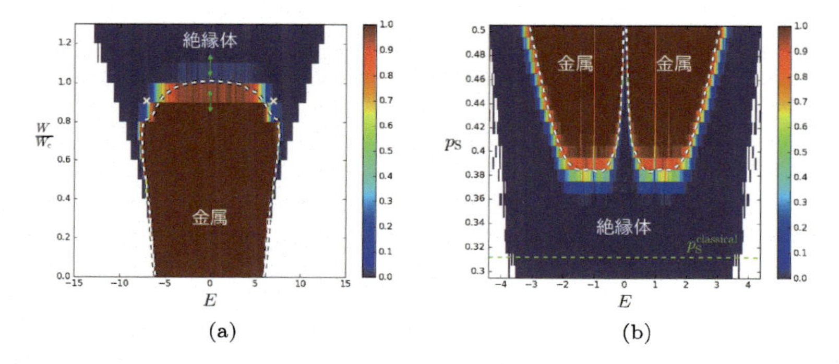

図 **1.5**　3 次元アンダーソンモデルの相図．(a) 通常のアンダーソンモデルの相図．縦軸はランダムポテンシャルの強さ W，横軸はエネルギーである．破線は局所状態密度の解析から評価した相境界[48]，× は転送行列法による評価[49]，矢印は学習データを用意した領域である．(b) 3 次元量子パーコレーションモデルの相図．縦軸はサイトの占有確率 p_S，横軸はエネルギーである．緑の破線は古典パーコレーション閾値，白い破線は文献[40] による評価で，CNN による評価と一致している（文献[10] より引用）．

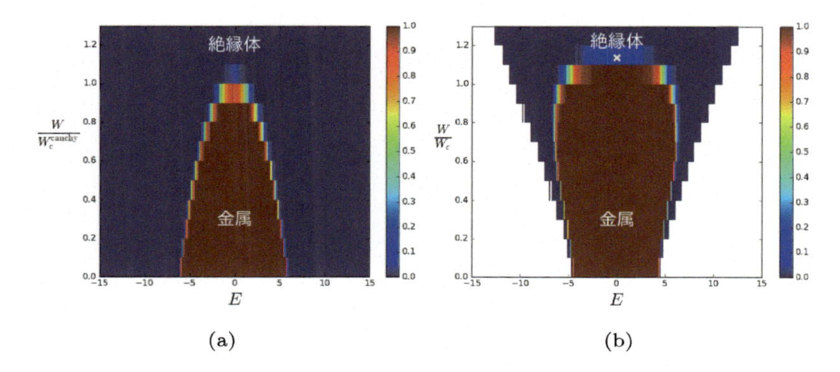

図 **1.6**　CNN を他のモデルに適用して得られた相図．(a) サイトポテンシャルをコーシー分布としたもの．(b) トランスファーを U(1) 行列にしたもの．× は転送行列による評価[50]．比較のため，W を図 1.5(a) と同じ W_c でスケールしている．$W/W_c \approx 1.05$ は非局在相であるが，図 1.5(a) では局在相である．磁場により絶縁体から金属への相転移が起こることを CNN が正しく予言している．

とに対応するので，時間反転対称性が破れており，ユニバーサリティクラスが変わってしまうが，それでも CNN はもっともらしい結果を与える（図 1.6(b)）．面白いのは，$E=0$，$W=1.05W_c$ 付近では局在していた相（図 1.5(a)）が，U(1) トランスファーの場合非局在相になっているということである（図 1.6(b)）．一見，ランダムな磁場を加えるとランダムネスが増えるので局在相が広がるように思えるが，時間反転対称性が壊れたことで局在が弱まるので，局在相がかえって縮まっている．これを CNN は捉えているのである．

1.5 ランダムなトポロジカル絶縁体

CNN は局在，非局在以外の特徴，例えば 2 次元系のエッジ状態[5,9)]，3 次元系の表面状態[8)] があるかどうかも判断できる．ある種の絶縁体は，バルクの波動関数が非自明なトポロジーを持つことから，自明なトポロジーを持つ真空との界面（エッジや表面）に，特異な状態を持つ．よってこうしたエッジ・表面状態の特徴を捉えて，その有無を判断すれば系がトポロジカルな系かどうかを判定できる *9)．

具体的に以下のハミルトニアンを考えよう[52, 53)]．

$$H = \sum_{\boldsymbol{x}} \sum_{\mu=x,y,z} \left[\frac{\mathrm{i}t}{2} \left| \boldsymbol{x} + \boldsymbol{e}_\mu \right\rangle \alpha_\mu \left\langle \boldsymbol{x} \right| - \frac{m_2}{2} \left| \boldsymbol{x} + \boldsymbol{e}_\mu \right\rangle \beta \left\langle \boldsymbol{x} \right| + \mathrm{H.c.} \right]$$
$$+ (m_0 + 3m_2) \sum_{\boldsymbol{x}} \left| \boldsymbol{x} \right\rangle \beta \left\langle \boldsymbol{x} \right| + \sum_{\boldsymbol{x}} v_{\boldsymbol{x}} \left| \boldsymbol{x} \right\rangle 1_4 \left\langle \boldsymbol{x} \right|. \tag{1.14}$$

$|\boldsymbol{x}\rangle, \langle\boldsymbol{x}|$ はスピンと軌道の自由度を記述する 4 成分からなる．$\boldsymbol{e}_\mu$ は μ 方向の単位ベクトルで，α_μ, β はガンマ行列，

$$\alpha_\mu = \tau_x \otimes \sigma_\mu = \begin{pmatrix} 0 & \sigma_\mu \\ \sigma_\mu & 0 \end{pmatrix}, \quad \beta = \tau_z \otimes 1_2 = \begin{pmatrix} 1_2 & 0 \\ 0 & -1_2 \end{pmatrix} \tag{1.15}$$

である．σ_μ はスピンの自由度，τ_μ は軌道の自由度に作用するパウリ行列である．m_0 はバンドギャップと関連した質量パラメータで m_2，t はトランスファーである．ランダムネスがない場合，k 空間でのハミルトニアンは

$$H(\boldsymbol{k}) = t \sum_{\mu=x,y,z} \sin k_\mu \alpha_\mu + m(\boldsymbol{k})\beta \tag{1.16}$$

となる．ここで，

$$m(\boldsymbol{k}) = m_0 + m_2 \sum_{\mu=x,y,z} (1 - \cos k_\mu) \tag{1.17}$$

---

*9) 非自明なトポロジーを持つバルクの波動関数をニューラルネットワークで解析するという試みもある[51)]．

である．式 (1.16) を 2 乗すると対角行列になることより，エネルギーバンドは

$$E(\boldsymbol{k}) = \pm\sqrt{m(\boldsymbol{k})^2 + t^2 \sum_{\mu=x,y,z} \sin^2 k_\mu} \tag{1.18}$$

となる．バンドギャップが閉じるのは $k_\mu = 0, \pi$，かつ $m_0/m_2 = 0, -2, -4, -6$ のときである．このとき，トポロジカルな相転移が起きる．例えば，$m_0/m_2 > 0$ は通常のバンド絶縁体，$0 > m_0/m_2 > -2$ は強い**トポロジカル絶縁体** (topological insulator)，$-2 > m_0/m_2 > -4$ は弱いトポロジカル絶縁体である．

強いトポロジカル絶縁体の場合，$E = 0$ 付近にギャップが開くが，表面，例えば x 方向に垂直な面に $E(k_y, k_z) \propto \pm\sqrt{k_y'^2 + k_z'^2}$（$k_y', k_z'$ はディラック点から測った波数）というディラックコーンが現れ，ギャップを閉じる．一方，弱いトポロジカル絶縁体の場合，コーンが例えば $(k_y, k_z) = (\pi, 0), (0, \pi)$，2 箇所に現れる．

次に，ランダムネスがある場合を考察しよう．まず，ランダムネスが弱い場合，バルクのギャップは閉じず，ランダムネスがない場合の相が維持される．一方，ランダムネスが強くなってくるとバンドギャップが閉じ，系は金属に転移するだろう [*10)]．

以上を考慮して，通常の絶縁体 (OI)，強いトポロジカル絶縁体 (STI)，弱いトポロジカル絶縁体 (WTI)，金属，これら四つの相の学習データを作る．表面状態は $E = 0$ のバンドギャップ付近に現れるので，固有エネルギーが 0 付近の波動関数を，ギャップパラメータ m_0 やランダムネスの強さ W を狭い領域で変えながら学習データを用意する．なお，x 方向の境界条件は固定境界条件とする．また，以下の数値計算では $m_2 = 1$ をエネルギーの単位とし，$t = 2$ と選ぶ．

具体的には，OI 相の学習領域を $W = 3.0, m_0 \in [0.2, 0.7]$，STI 相の学習領域を $W = 3.0, m_0 \in [-1.7, 0.0]$，WTI 相の学習領域を $W = 3.0, m_0 \in [-3.7, -2.0]$，と選ぶ．また，$W \approx 6$ でバンドギャップが潰れ，それより大きい W では系は金属となることが，自己無撞着ボルン近似から評価できる [54)]．そこで $W = 10.0, m_0 \in [-2.5, 0.5]$ を金属相の学習領域として選ぶ．システムサイズは $24 \times 24 \times 24$ で，各パラメータで対角化して，固有エネルギーがバンド中

---

*10) ランダムネスがさらに強くなると，系は金属からアンダーソン絶縁体に転移する．

心 $E = 0$ に最も近いものを選ぶ．各相に対して 2000 回対角化を行うことで学習する波動関数を各相に 2000 ずつ用意する [*11)]．

十分学習を行ったのち，広い領域で相図を描いたものが図 1.7 である．ランダムネスによって相境界が変わっていくことがよくわかる．また，相境界上は金属相の色を示している．これはディラック半金属が相境界に現れているのを反映している．相境界にどのような相が現れるかは転送行列法ではわからないが，この深層学習の方法だと金属的な相が相境界に現れることが予言できるのである．

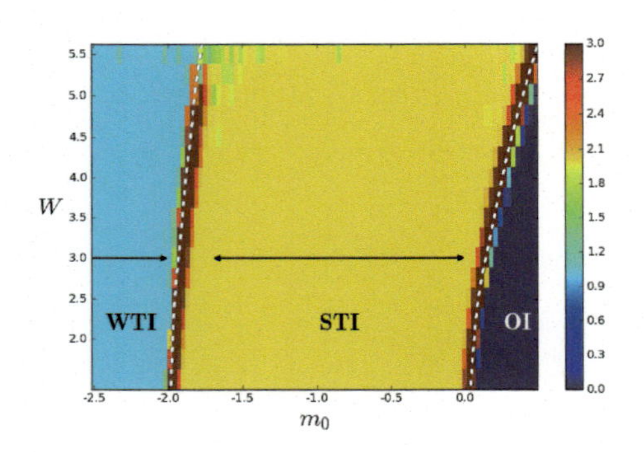

図 1.7　トポロジカル絶縁体の相図．縦軸はランダムポテンシャルの強さ W，横軸はギャップパラメータ m_0．各相の確率 $P_{\rm OI}, P_{\rm STI}, P_{\rm WTI}, P_{金属}$ を CNN で求め，強度 $0 \times P_{\rm OI} + 1 \times P_{\rm WTI} + 2 \times P_{\rm STI} + 3 \times P_{金属}$ をプロットしている．破線は転送行列法による評価 [34)]，矢印はトポロジカル絶縁体相の学習領域である．WTI–STI 相境界，STI–OI 相境界上のディラック半金属の存在は事前に教えていないが，CNN は金属的な相の存在を予測できている．

ここでは述べなかったが，トポロジカル絶縁体の場合，フーリエ変換した波動関数

$$\psi(\boldsymbol{k}) = \int dxdydz\ \psi(\boldsymbol{x})\,\mathrm{e}^{i\boldsymbol{k}\cdot\boldsymbol{x}} \tag{1.19}$$

もしくは，固定境界条件を考慮してフーリエ変換した

$$\psi(\boldsymbol{k}) = \int dxdydz\ \psi(x,y,z)\,\mathrm{e}^{i(k_y y + k_z z)}\ \sin(k_x x) \tag{1.20}$$

などを計算し，$|\psi(\boldsymbol{k})|^2$ を解析することも有効である [55)]．

---

*11)　波動関数はスピンと軌道の自由度のため 4 成分からなる．ここではそれらの和をとり $u_i^{(0)} = \sum_{s=1}^{4} |\psi(\boldsymbol{x_i}, s)|^2$ とする．

1.6　この章を終えるに当たって

物理の歴史では，物理が基礎となって技術が躍進することもあれば，逆に技術革新が物理の理解をもたらすこともある．基礎物理の発展が技術につながるという一方通行ではなく，技術革新が基礎物理の発展を促すのである．光の量子論からレーザーが生まれ，それが光物性や冷却原子の物理で大活躍しているのがそのよい例だし，また，半導体物理がトランジスター，集積回路，計算機につながり，今度は計算機により物性物理が劇的に発展した．人工知能・機械学習を使った物性物理も，統計力学の基礎が人工知能の実用化に大きく寄与し，それが最近，物性物理への応用として戻ってきたと考えられる．次は物理がニューラルネットワーク，人工知能の研究へ恩返しをする番だと思うが，深いニューラルネットワークの大問題，すなわちニューラルネットワークは一体何を見ているのかを理解することに，物理の知識や手法が生かせるとよいと思っている．

作業環境

ここで紹介した波動関数の解析は，大掛かりな計算機環境は必要としていない．Linux OS で GPU（NVIDIA K-40, GeForce 1080/1080ti）を用いた計算を行ったが，GPU 計算は必須ではない．文献[5,8]では CentOS 6.8 で，Caffe を使って深層学習を行ったが，その後，文献[10]ではより簡単に直感的にネットワークが定義できる Keras と TensorFlow の組み合わせを Ubuntu で用いた．解析に使用した言語は Python であるが，数値データは Fortran で生成した．この数値データの作成が一番計算量が大きい．

著者の一人の大槻は 2016 年までは機械学習についてはほとんど知識がなかったが，研究したいテーマを持っていたので，ある程度の結果が出せた．最近では環境がさらに整い，機械学習を導入するハードルが下がっているので，物理の研究テーマにこうした手法を積極的に適用してほしい．

［大槻東巳・真野智裕］

文　献

1) Y. LeCun, Y. Bengio, and G. Hinton, "Deep learning" Nature, **521**, 436–444 (2015).
2) I. J. Goodfellow, Y. Bengio, and A. Courville, *Deep Learning*, MIT Press (2016). http://www.deeplearningbook.org
3) 大関真之, 『機械学習入門—ボルツマン機械学習から深層学習まで』オーム社 (2016).
4) 瀧　雅人, 『これならわかる深層学習入門』講談社 (2017).
5) T. Ohtsuki and T. Ohtsuki, "Deep learning the quantum phase transitions in random two-dimensional electron systems" J. Phys. Soc. Jpn., **85**(12), 123706 (2016).
6) A. Tanaka and A. Tomiya, "Detection of phase transition via convolutional neural networks" J. Phys. Soc. Jpn., **86**(6), 063001 (2017).
7) P. Broecker, J. Carrasquilla, R. G. Melko, and S. Trebst, "Machine learning quantum phases of matter beyond the fermion sign problem" Scientific Reports, **7**, 8823 (2017).
8) T. Ohtsuki and T. Ohtsuki, "Deep learning the quantum phase transitions in random electron systems: Applications to three dimensions" J. Phys. Soc. Jpn., **86**(4), 044708 (2017).
9) N. Yoshioka, Y. Akagi, and H. Katsura, "Learning disordered topological phases by statistical recovery of symmetry" Phys. Rev. B, **97**, 205110 (2018).
10) T. Mano and T. Ohtsuki, "Phase diagrams of three-dimensional anderson and quantum percolation models using deep three-dimensional convolutional neural network" J. Phys. Soc. Jpn., **86**(11), 113704 (2017).
11) 大槻東巳,「深層学習を利用したトポロジカル物質の研究」パリティ, **32**(7), 52 (2017).
12) 大槻東巳・真野智裕,「多層畳み込みニューラルネットワークによるランダム電子系の相図」固体物理, **53**(8), 447 (2018).
13) G. Carleo and M. Troyer, "Solving the quantum many-body problem with artificial neural networks" Science, **355**(6325), 602–606 (2017).
14) H. Saito, "Solving the Bose–Hubbard model with machine learning" J. Phys. Soc. Jpn., **86**(9), 093001 (2017).
15) H. Saito and M. Kato, "Machine learning technique to find quantum many-body ground states ofbosons on a lattice." J. Phys. Soc. Jpn., **87**(1), 014001(2018).
16) H. Saito, "Method to solve quantum few-body problems with artificial neural networks" J. Phys. Soc. Jpn., **87**(7), 074002 (2018).
17) Y. Nomura, A. S. Darmawan, Y. Yamaji, and M. Imada, "Restricted Boltzmann machine learning for solving strongly correlated quantum systems" Phys. Rev. B, **96**, 205152 (2017).
18) 野村悠祐・山地洋平・今田正俊,「機械学習を用いて量子多体系を表現する」日本物理学会誌, **74**(2), 72 (2019).
19) H. Fujita, Y. O. Nakagawa, S. Sugiura, and M. Oshikawa, "Construction of Hamiltonians by supervised learning of energy and entanglement spectra" Phys. Rev. B, **97**, 075114 (2018).

20) W. Li, Y. Ando, and S. Watanabe, "Cu diffusion in amorphous ta2o5 studied with a simplified neural network potential" J. Phys. Soc. Jpn., **86**(10), 104004 (2017).
21) E. P. Wigner, "On the statistical distribution of the widths and spacings of nuclear resonance levels" Mathematical Proceedings of the Cambridge Philosophical Society, **47**(4), 790–798 (1951).
22) F. J. Dyson, "Statistical theory of the energy levels of complex systems. I" J. Math. Phys., **3**(1), 140–156 1962).
23) F. J. Dyson. "Threefold way: Algebraic structure of symmetry groups and ensembles in quantum mechanics" J. Math. Phys., **3**, 1199 (1962).
24) K. B. Effetov, A. I. Larkin, and D. E. Khmel'nitsukii, Soviet Phys. JETP, **52**, 568 (1980).
25) S. Hikami, A. I. Larkin, and Y. Nagaoka, "Spin-orbit interaction and magnetoresistance in the two dimensional random system" Progress of Theoretical Physics, **63**(2), 707–710 (1980).
26) S. Hikami, "Anderson localization in a nonlinear-σ-model representation" Phys. Rev. B, **24**, 267 (1981).
27) A. Altland and M. R. Zirnbauer, "Nonstandard symmetry classes in mesoscopic normal-superconducting hybrid structures" Phys. Rev. B, **55**, 1142 (1997).
28) M. R. Zirnbauer, "Riemannian symmetric superspaces and their origin in random-matrix theory" J. Math. Phys., **37**, 4986 (1996).
29) M. L. Mehta, *Random Matrices*, 3rd ed., Academic Press (2004).
30) T. Ando, "Numerical study of symmetry effects on localization in two dimensions" Phys. Rev. B, **40**, 5325–5339 (1989).
31) S. N. Evangelou and T. Ziman, "The Anderson transition in two dimensions in the presence of spin-orbit coupling" J. Phys. C, **20**, L235 (1987).
32) Y. Asada, K. Slevin, and T. Ohtsuki, "Anderson transition in two-dimensional systems with spin-orbit coupling" Phys. Rev. Lett., **89**, 256601 (2002).
33) Y. Asada, K. Slevin, and T. Ohtsuki, "Numerical estimation of the beta function in two-dimensional systems with spin-orbit coupling" Phys. Rev. B, **70**, 035115 (2004).
34) K. Kobayashi, T. Ohtsuki, and K. Imura, "Disordered weak and strong topological insulators" Phys. Rev. Lett., **110**(23), 236803 (2013).
35) K. Kobayashi, T. Ohtsuki, K. Imura, and I. F. Herbut, "Density of states scaling at the semimetal to metal transition in three dimensional topological insulators" Phys. Rev. Lett., **112**, 016402 (2014).
36) S. Liu, T. Ohtsuki, and R. Shindou, "Effect of disorder in a three-dimensional layered chern insulator" Phys. Rev. Lett., **116**, 066401 (2016).
37) Y. Avishai and J. M. Luck, "Quantum percolation and ballistic conductance on a lattice of wires" Phys. Rev. B, **45**, 1074–1095 (1992).
38) R. Berkovits and Y. Avishai, "Spectral statistics near the quantum percolation threshold" Phys. Rev. B, **53**, R16125–R16128 (1996).
39) A. Kaneko and T. Ohtsuki, "Three-dimensional quantum percolation studied by level statistics" J. Phys. Soc. Jpn., **68**(5), 1488–1491 (1999).

40) L. Ujfalusi and I. Varga, "Quantum percolation transition in three dimensions: Density of states, finite-size scaling, and multifractality" Phys. Rev. B, **90**, 174203 (2014).
41) S. Kirkpatrick and T. P. Eggarter, "Localized states of a binary alloy" Phys. Rev. B, (6), 3598–3609 (1972).
42) E. Abrahams, P. W. Anderson, D. C. Licciardello, and T. V. Ramakrishnan, "Scaling theory of localization: Absence of quantum diffusion in two dimensions" Phys. Rev. Lett., **42**, 673–676 (1979).
43) Y. LeCun, L. Bottou, Y. Bengio, and P. Haffner, "Gradient-based learning applied to document recognition" In *Proceedings of the IEEE*, **86**(11), pp.2278–2324 (1998).
44) F. Chollet et al., "Keras" (2015). https://github.com/fchollet/keras
45) M. Abadi et al., "TensorFlow: Large-scale machine learning on heterogeneous systems" (2015). Software available from tensorflow.org.
46) K. Slevin and T. Ohtsuki, "Critical exponent for the Anderson transition in the three-dimensional orthogonal universality class" New Journal of Physics, **16**, 015012 (2014).
47) K. Slevin and T. Ohtsuki, "Critical exponent of the Anderson transition using massively parallel supercomputing" J. Phys. Soc. Jpn., **87**(9), 094703 (2018).
48) G. Schubert, A. Weiße, G. Wellein, and H. Fehske, "HQS@HPC: Comparative numerical study of Anderson localisation in disordered electron systems" In *High performance computing in science and engineering, Garching 2004. Transaction of the KONWIHR result workshop, October 14-15, 2004, Garching, Germany*, Springer, pp.237–249 (2005).
49) S. L. A. de Queiroz, "Reentrant behavior and universality in the Anderson transition" Phys. Rev. B, **63**, 214202 (2001).
50) K. Slevin and T. Ohtsuki, "Estimate of the critical exponent of the Anderson transition in the three and four-dimensional unitary universality classe" J. Phys. Soc. Jpn., **85**(10), 104712 (2016).
51) Y. Zhang and E. -A. Kim, "Quantum loop topography for machine learning" Phys. Rev. Lett., **118**, 216401 (2017).
52) C. -X. Liu, X. -L. Qi, H. Zhang, X. Dai, Z. Fang, and S. -C. Zhang, "Model Hamiltonian for topological insulators" Phys. Rev. B, **82**, 045122 (2010).
53) S. Ryu and K. Nomura, "Disorder-induced quantum phase transitions in three-dimensional topological insulators and superconductors" Phys. Rev. B, **85**, 155138 (2012).
54) H. -M. Guo, G. Rosenberg, G. Refael, and M. Franz, "Topological Anderson insulator in three dimensions" Phys. Rev. Lett., **105**, 216601 (2010).
55) T. Mano, M. Wada, K. Kobayashi, and T. Ohtsuki, unpublished.

第 2 章

量子多体系と
ニューラルネットワーク

2.1 量子多体問題の難しさ

2.1.1 序

量子多体問題を解く方法として，量子モンテカルロ法や密度行列繰り込み群を用いた方法など，これまで様々な数値計算法が考えられてきたが，最近ニューラルネットワークと機械学習の手法をうまく使うことによって，量子多体問題を数値的に解く新しい方法が提案された[1)]．本章ではこの方法についてわかりやすく解説したい．

その前に，まず量子力学の復習から始めよう．1 次元空間中にある一つの粒子の状態は波動関数 $\psi(x)$ で表される．粒子の存在確率密度は $|\psi(x)|^2$ である．この粒子の質量を m とし，ポテンシャルエネルギー $V(x)$ で与えられるような外力がかかっているとき，(時間に依存しない) **シュレディンガー方程式** (Schrödinger equation) は次のように書かれる．

$$\left[-\frac{\hbar^2}{2m}\frac{d^2}{dx^2}+V(x)\right]\psi(x)=E\psi(x). \tag{2.1}$$

この方程式を満たすような波動関数 $\psi(x)$ とエネルギー E を求めることが，シュレディンガー方程式を解くということである．その解（ψ と E の組）は無数に存在するが，その中で最もエネルギー E の小さいものを**基底状態** (ground state) と呼ぶ．ここでは，基底状態を求めることに重点を置くことにしよう．

シュレディンガー方程式 (2.1) を解析的に解くことができれば問題解決だが，大抵の場合にはそうはいかない．その場合には，近似的な手法や数値計算を用いることになる．

2.1.2 一粒子と多粒子の違い

先に挙げた例は，粒子が一つだけだったので，波動関数 $\psi(x)$ の引数はその位置 x のみであった．粒子が N 個ある場合には，それらの位置を $(x_1, x_2, \ldots, x_N) \equiv \boldsymbol{x}$ と書くと，波動関数はそれら N 変数[*1)] の関数 $\psi(\boldsymbol{x})$ となる．$|\psi(\boldsymbol{x})|^2$ は粒子 1 を x_1 に，粒子 2 を x_2 に……，粒子 N を x_N に見出す確率密度を表す．シュレディンガー方程式 (2.1) において x を $\boldsymbol{x}$ に置き換え，d^2/dx^2 を $d^2/dx_1^2 + \cdots + d^2/dx_N^2$ に置き換えれば，N 粒子系のシュレディンガー方程式となる．

数値計算で N 粒子系を扱うことを考えよう．一粒子の場合に比べて変数が N 倍に増えたので，多少手間がかかるだけと思われる読者もおられるかもしれない．確かに古典力学の場合はそうである．粒子の状態（位置と速度）を記憶するのに必要なメモリは N 倍になるだけである．それらの運動を追う際に，すべての粒子同士が遠距離相互作用するとしても，計算量は高々 N^2 倍にしかならない．したがって N が巨大な数でない限り，古典力学で多粒子系を扱うことはさほど大変ではない．ところが量子力学では，N 粒子系の状態を表す波動関数 $\psi(\boldsymbol{x})$ をメモリに収めるだけでも大変である．例えば，一粒子の局在した波動関数 $\psi(x)$ を数値的に表すには，空間を適当に L 分割して各位置の関数値をメモリに記録すればよい．滑らかな関数であれば L はそれほど多くとる必要はないだろう．二粒子の波動関数 $\psi(x_1, x_2)$ ではどうだろうか．x_1-x_2 平面を網目状に区切って $L \times L = L^2$ の格子点の位置の関数値を記録することになる．容易にわかるように N 粒子の波動関数をこの方法で表そうとすると，L^N の関数値を記録する必要があり，必要なメモリ量は N に関して指数関数的に増えてしまう．例えば $L = 100$ として十粒子を考えるとすると $L^N = 10^{20}$ となり，もはや既存の計算機では無理である．ましてや，シュレディンガー方程式を解こうとすると，巨大なメモリ上に置かれた波動関数に複雑な演算を施すことになり，とてつもない計算量となってしまう．これが量子多体問題を数値計算で扱うのが難しい理由である．

[*1)] 3 次元空間の場合には $3N$ 変数となる．

2.2 ニューラルネットワークをどう使うか

2.2.1 関数近似器としてのニューラルネットワーク

ここで話題を変えて，ニューラルネットワークについて述べよう．特に画像認識など多方面で応用されている**順伝播型ニューラルネットワーク** (feedforward neural network)[2,3] を考える．単純な順伝播型ネットワークの例を図 2.1 に示す．

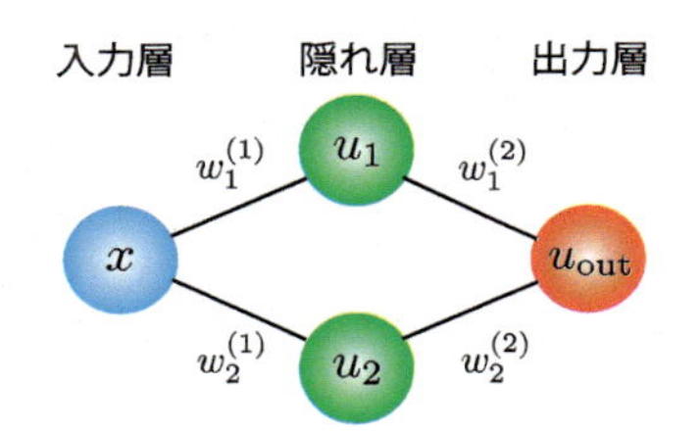

図 2.1　隠れ層 1 層の順伝播型ネットワークの例.

このネットワークは入力層，出力層と 1 層の隠れ層からなる．一番左の入力ユニットに値 x を入力すると，隠れ層のユニットの値は

$$u_1 = w_1^{(1)}x + b_1^{(1)}, \quad u_2 = w_2^{(1)}x + b_2^{(1)} \tag{2.2}$$

と計算される．$w_i^{(n)}, b_i^{(n)}$ はそれぞれ重み，バイアスと呼ばれ，ネットワークの内部パラメータである．次の層に値を伝播させるときに，活性化関数と呼ばれる非線形関数 f を u_1, u_2 に施す．最後に出力ユニットの値は

$$u_{\mathrm{out}} = w_1^{(2)}f(u_1) + w_2^{(2)}f(u_2) + b^{(2)} \tag{2.3}$$

で与えられる．

入力値 x が与えられると出力値 u_{out} が決まるわけであるから，ネットワークパラメータ $[w_i^{(n)}$ や $b_i^{(n)}]$ を定数と考えると，u_{out} は x の関数と考えることができる．実際，式 (2.2) を式 (2.3) に代入すれば関数形をあらわに書き下すことができる．ネットワークパラメータの値によって関数の形は様々に変化するだろう．隠れ層のユニット数や隠れ層の数を増やせばネットワークパラメータの数が増えネットワークの自由度も増えるので，より多様な関数を表現できるだ

ろう．それでは，一般に順伝播型ニューラルネットワークによってどのような関数が表現可能であろうか．実は，隠れ層のユニット数を十分に増やせば，どのような関数でも任意の精度で表現できることが知られている[4)]．ニューラルネットワークは非常に柔軟性の高い関数近似器であるといえる．

図 2.1 では簡単のため入力層のユニット数が一つだけ，つまりニューラルネットワークが表現する関数は 1 変数関数であったが，入力層のユニット数を増やせば入力変数は $x_1, x_2, \ldots$ と複数になるため，ニューラルネットワークが表現する関数は多変数関数となる．この場合も，ニューラルネットワークが万能な関数近似器であるという事実は変わりなく，隠れ層のユニット数を十分に増やせば，どのような多変数関数でも表現することができる．

2.2.2 波動関数をニューラルネットワークで表す

2.1.2 項で，多粒子系の状態を表す波動関数は多変数関数 $\psi(\boldsymbol{x})$ となり，単純に計算機のメモリ上で表現しようとすると，必要なメモリ容量は粒子数 N に関して指数関数的に増大してしまい，極めて困難になることを述べた．一方 2.2.1 項で，ニューラルネットワークは万能な関数近似器とみなすことができ，どのような多変数関数でも表現できることを述べた．ここで，本章「量子多体系とニューラルネットワーク」で最も核心となる重要なアイデアに到達する．それは「多粒子系の波動関数を，ニューラルネットワークを用いて表現しよう」というアイデアである．

その際，巨大なニューラルネットワークが必要になってしまい，ネットワークパラメータの数が粒子数 N に関して指数関数的に増大してしまうようでは意味がない．比較的少ない数のネットワークパラメータで多粒子系の波動関数を効率よく表現できるかどうかが鍵となる．言い換えると，複雑な多粒子系の波動関数が持つ何らかの特徴をうまく抽出し，ニューラルネットワークの中に圧縮して格納したい．一般に，複雑かつ膨大なデータから特徴を自動的に抽出するという仕事は，深層ニューラルネットワークを使った機械学習の得意とするところである．例えば，画像認識では，学習に使った大量の画像データすべてがネットワークに格納されるわけではなく，学習の過程で画像の特徴が自動的に抽出されネットワークに格納される．機械学習における特徴抽出とそれによるデータ圧縮を，多粒子系の波動関数に応用しようというわけである．

2.3　ニューラルネットワークで基底状態を求める

2.3.1　波動関数が既知の場合

もし，ニューラルネットワークに格納したい波動関数 $\psi(\boldsymbol{x})$ が既知であるなら，ニューラルネットワークの学習は次のように行える．ネットワークの入力層に入力値 $\boldsymbol{x}$ を与えたとき，出力値 $g(u_{\text{out}}(\boldsymbol{x}))$（ここではより一般的に出力ユニットの値 u_{out} にさらに適当な関数 g を施した）が目的の関数値 $\psi(\boldsymbol{x})$ に近づくようにネットワークパラメータを調節していけばよい．入力値 $\boldsymbol{x}$ を様々に変えながらネットワークの更新を繰り返せば，次第に出力はどの $\boldsymbol{x}$ に対しても目的の波動関数 $\psi(\boldsymbol{x})$ に近づいていくだろう．

この手順は画像認識などの場合と若干異なることに注意しよう．画像認識ではネットワークに学習させる画像，つまりネットワークに入力するデータがあらかじめ決まっている．これに対して上記の手順では，$\boldsymbol{x}$ を適当に選びながら入力し学習が進んでいる．量子力学によると，波動関数の絶対値 2 乗 $|\psi(\boldsymbol{x})|^2$ は粒子系を $\boldsymbol{x}$ という配置に見出す確率に比例する．つまり $|\psi(\boldsymbol{x})|^2$ の値が大きい配置 $\boldsymbol{x}$ がより重要だといえる．ネットワークは $\boldsymbol{x}$ の特徴を見分けながら，どの粒子配置 $\boldsymbol{x}$ が重要かを学習しているのである．入力 $\boldsymbol{x}$ の選び方については後述する．

2.3.2　基底状態に至る手順

上記の方法は，波動関数 $\psi(\boldsymbol{x})$ が既知である場合の学習法だが，本来の目的は未知の波動関数（ここでは基底状態の波動関数）を求めることである．それにはどうしたらよいだろうか．ここで，量子力学において基底状態を求めるのによく利用される，**変分法** (variational method) と呼ばれる近似法を紹介する．次の式はエネルギーの期待値を表す．

$$\langle H \rangle = \frac{\int \psi^*(\boldsymbol{x}) H \psi(\boldsymbol{x}) d\boldsymbol{x}}{\int |\psi(\boldsymbol{x})|^2 d\boldsymbol{x}}. \tag{2.4}$$

シュレディンガー方程式を $H\psi = E\psi$ と書いたときの H をハミルトニアンと呼び，式 (2.1) では左辺四角括弧の中が H に相当する．基底状態の波動関数は式 (2.4) を最小にすることが知られている．実際，基底状態 ψ_0 が満たすべき式

$H\psi_0 = E_0\psi_0$ を式 (2.4) に代入すると，右辺の値は $\langle H \rangle$ がとりうる最小値 E_0 となることがわかる．

変分法は次のように使われる．まず，パラメータ $\boldsymbol{a} = (a_1, a_2, ...)$ を含む適当な関数 $\phi(\boldsymbol{x}; \boldsymbol{a})$ を考える．これを試行関数といい，$\boldsymbol{a}$ は変分パラメータと呼ばれる．次に試行関数を式 (2.4) に代入し，変分パラメータ $\boldsymbol{a}$ によって $\langle H \rangle$ の値がどのように変わるかを調べ，$\langle H \rangle$ の値を最小にするような変分パラメータ $\boldsymbol{a}_{\min}$ を求める．$\phi(\boldsymbol{x}; \boldsymbol{a}_{\min})$ は求めたい基底状態 $\psi_0(\boldsymbol{x})$ とは一般に異なるが，$\langle H \rangle$ をできるだけ小さくするという意味で，$\phi(\boldsymbol{x}; \boldsymbol{a})$ で表現可能な関数の中では最も $\psi_0(\boldsymbol{x})$ に近いといえるだろう．これが変分法による基底状態の近似的な求め方である．

この方法がどれだけうまくいくかは，試行関数 $\phi(\boldsymbol{x}; \boldsymbol{a})$ の選び方にかかっている．見当違いの $\phi(\boldsymbol{x}; \boldsymbol{a})$ を選んでしまうと，変分パラメータ $\boldsymbol{a}$ をいかに調節しようとも，基底状態のよい近似にはならないだろう．物理系の特徴をよく見極め，うまい形の試行関数を選んで真の基底状態に近づけるのが，研究者の腕の見せどころである．しかしそれには，研究者の長年の経験と勘（？）が必要である．

ここで，ニューラルネットワークを使って波動関数を表すということに話を戻そう．変分法の試行関数をニューラルネットワークで表現したらどうだろうか．この場合，関数形を調節する変分パラメータ $\boldsymbol{a}$ はネットワークパラメータ $w_i^{(n)}$ や $b_i^{(n)}$（以降まとめて $\boldsymbol{w}$ と書く）に相当する．2.2.1 項で，隠れ層のユニット数が十分あればニューラルネットワークはどのような関数でも表現できることを述べた．つまり，ニューラルネットワークで表現された試行関数は非常に柔軟で多彩な表現力のある関数であると期待される．上述のように，よい試行関数を手作りするには熟練した研究者の能力が必要である．それに対してニューラルネットワークで試行関数を表現すれば，関数形は自ら柔軟に変化し，人間の手を借りずに基底状態の特徴を捉えてくれるだろう．

ニューラルネットワークで表された試行関数は入力 $\boldsymbol{x}$ およびネットワークパラメータ $\boldsymbol{w}$ に依存するので $\phi(\boldsymbol{x}; \boldsymbol{w})$ と書こう．簡単のために ϕ, $\boldsymbol{w}$ は実数とする．$\langle H \rangle$ の値が下がるように $\boldsymbol{w}$ を調節したいが，それには $\langle H \rangle$ の $\boldsymbol{w}$ に関する傾きがわかればよい．式 (2.4) 中の波動関数に $\phi(\boldsymbol{x}; \boldsymbol{w})$ を代入し，k 番目の

ネットワークパラメータ w_k で微分すると次のようになる [*2)].

$$\frac{\partial \langle H \rangle}{\partial w_k} = 2\langle O_k H \rangle - 2\langle O_k \rangle \langle H \rangle. \tag{2.5}$$

ここで $O_k(\boldsymbol{x};\boldsymbol{w}) = \frac{1}{\phi}\frac{\partial \phi}{\partial w_k}$ と定義し，任意の A に関して $\langle A \rangle = \int \phi A \phi d\boldsymbol{x} / \int \phi^2 d\boldsymbol{x}$ と書いた．式 (2.5) はパラメータ空間 $\boldsymbol{w}$ における $\langle H \rangle$ の w_k 方向への傾きを表している．つまり式 (2.5) が正のときは w_k を減少させ，負のときは w_k を増大させれば $\langle H \rangle$ の値は下がることになる．

次のような手順を行えばよい．まず，ネットワークパラメータの初期値として適当な乱数を与える．次に式 (2.5) で与えられる傾きを各 w_k について計算し，$\langle H \rangle$ の下がるような方向へ $\boldsymbol{w}$ をわずかに変化させる．更新した $\boldsymbol{w}$ を使って新たに傾きを計算し，さらに $\boldsymbol{w}$ を変化させる．これを繰り返せば，$\langle H \rangle$ は最小値へと向かっていき，ネットワークが表す波動関数は基底状態に近づいていくだろう．運が悪いと基底状態とはかけ離れた局所的な極小値に捕らわれてしまう場合もあるかもしれないが，その際は初期乱数を変えて何度もやってみて，$\langle H \rangle$ が最小になったものを採用すればよい．

2.3.3 簡単な例

ここで簡単な例として，1 次元調和振動子ポテンシャル中の一粒子を考えよう．ハミルトニアンは $H = -\frac{\hbar^2}{2m}\frac{\partial^2}{\partial x^2} + \frac{1}{2}m\omega^2 x^2$ で与えられる．図 2.1 に挙げた単純なネットワークを用いて，変分法に用いる試行関数 $\phi(x;\boldsymbol{w})$ を表現することにしよう．活性化関数 f として tanh 関数を採用する．試行関数は式 (2.3) のネットワーク出力 u_{out} を指数関数の肩にのせたもの $\phi(x;\boldsymbol{w}) = e^{u_{\mathrm{out}}}$ とする．ネットワークパラメータは式 (2.2), (2.3) 中の $w_1^{(1)}$, $w_2^{(1)}$, $w_1^{(2)}$, $w_2^{(2)}$, $b_1^{(1)}$, $b_2^{(1)}$ の 6 個である（$b^{(2)}$ は $\phi(x;\boldsymbol{w}) = e^{u_{\mathrm{out}}}$ に定数がかかるだけなのでカウントしない）．

まず，6 個のネットワークパラメータに適当な乱数を設定する．次に，式 (2.5) の右辺を計算する．今の場合，$O_k(x,\boldsymbol{w}) = \partial u_{\mathrm{out}}/\partial w_k$ となる．式 (2.5) 中の x に関する数値積分は適当な積分範囲，例えば $-5 < x < 5$ をとることにする．そして，計算された傾き $\partial\langle H \rangle/\partial \boldsymbol{w}$ を用いて $\boldsymbol{w}$ を更新する．最も単純な更新

---

*2) 紙面の都合で計算を省略してしまったが，導出の途中で部分積分 $\int \phi H \phi' d\boldsymbol{x} = \int (H\phi)\phi' d\boldsymbol{x}$ を用いている．

法は $\boldsymbol{w} \to \boldsymbol{w} - \alpha\partial\langle H\rangle/\partial\boldsymbol{w}$ である．α は小さい正の数で，機械学習の分野では学習係数と呼ばれる．ネットワークパラメータの数が多い場合は AdaGrad や Adam などと呼ばれる更新法[2,3] を用いると収束が速くなる．

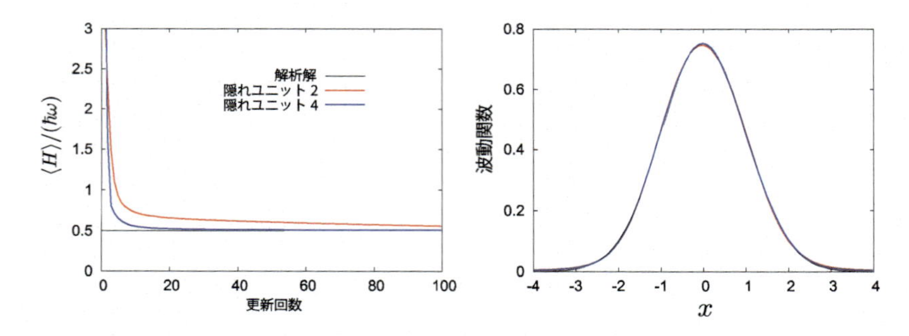

図 2.2 （左）ネットワークパラメータの更新につれてエネルギー $\langle H\rangle$ が下がっていく様子．（右）収束後の関数 $\phi(x;\boldsymbol{w})$ と，基底状態の波動関数 $\psi_0(x)$（曲線はほとんど重なっている）．赤線，青線はそれぞれ隠れユニット数 2, 4 の場合の結果，黒線は解析解を表す．

図 2.2 は $\boldsymbol{w}$ の更新につれて $\langle H\rangle$ の値が減少していく様子（左）と，十分な更新回数後の $\phi(x;\boldsymbol{w})$（右）を示す．$\langle H\rangle$ の値は更新が進むにつれて一方的に減少し，厳密な基底状態のエネルギー $\hbar\omega/2$ に近づいていくことがわかる．また，最終的に得られた $\phi(x;\boldsymbol{w})$ は厳密な基底状態の波動関数 $\psi_0(x)$ に近い形になっている．隠れ層のユニット数が 2 の場合（赤線）でもなかなかよい近似になっているが，さらに隠れユニット数を 4 に増やすと（$\boldsymbol{w}$ の数は 12），かなり正確に基底状態のエネルギーと波動関数が得られていることがわかる．

2.3.4 多体の場合：モンテカルロ法

図 2.2 で挙げた例は一体問題であったが，多体の場合も基本的には同様である．粒子数が増えると，その座標 $\boldsymbol{x}$ の数も増えるので，それに応じてネットワークの入力ユニット数を増やせばよい．ただし，一つだけ多体の場合には本質的に異なる点がある．それは式 (2.5) に含まれる積分の計算法である．1 変数 x の場合には数値積分は容易に実行できる．しかし変数 $\boldsymbol{x}$ の数が増えると積分の次元が上がり，計算が困難になる．2.1.2 項で多体の（多変数の）波動関数を単純にメモリに収めようとすると，必要なメモリの量は粒子数に関して指数関

数的に増大してしまうことを述べた．数値積分はそれらをすべて足し上げるようなものなので，計算量は粒子数に関して指数関数的に増大してしまう．せっかくニューラルネットワークを用いて多体の波動関数を効率よく表現できたとしても，式 (2.5) の計算量が変わらないようでは意味がない．

この問題を解決するにはモンテカルロ法を用いればよい．すべての $\boldsymbol{x}$ に関して関数値を足し上げるのではなく，確率的に選ばれたサンプル $\boldsymbol{x}_1, \boldsymbol{x}_2, ..., \boldsymbol{x}_K$ に関してのみ関数値を足し上げ，積分の近似値とする．例えば式 (2.5) 中の積分 $\langle O_k \rangle$ は次のように近似できる（ここでは引数 $\boldsymbol{w}$ は省略する）．

$$\langle O_k \rangle = \frac{\int \phi^2(\boldsymbol{x}) O_k(\boldsymbol{x}) d\boldsymbol{x}}{\int \phi^2(\boldsymbol{x}) d\boldsymbol{x}} = \int P(\boldsymbol{x}) O_k(\boldsymbol{x}) d\boldsymbol{x} \simeq \frac{1}{K} \sum_{i=1}^{K} O_k(\boldsymbol{x}_i). \tag{2.6}$$

$P(\boldsymbol{x}) = \phi^2(\boldsymbol{x}) / \int \phi^2(\boldsymbol{x}) d\boldsymbol{x}$ は波動関数が $\phi(\boldsymbol{x})$ であるとき粒子配置を $\boldsymbol{x}$ に見出す確率密度を表す．この確率に従って $\boldsymbol{x}_1, ..., \boldsymbol{x}_K$ を選べば式 (2.6) の近似等式 $\simeq$ が成り立つ．確率分布 $P(\boldsymbol{x})$ に従ってサンプル $\boldsymbol{x}_1, ..., \boldsymbol{x}_K$ を生成するにはメトロポリス法が便利である．まず適当に $\boldsymbol{x}_1$ を選び，次にランダムに $\boldsymbol{x}_{\mathrm{next}}$ を提案する．0 から 1 の一様乱数 r を発生させ $r < P(\boldsymbol{x}_{\mathrm{next}})/P(\boldsymbol{x}_1) = \phi^2(\boldsymbol{x}_{\mathrm{next}})/\phi^2(\boldsymbol{x}_1)$ のとき $\boldsymbol{x}_{\mathrm{next}}$ を採用し $\boldsymbol{x}_2 = \boldsymbol{x}_{\mathrm{next}}$ とする．そうでなければ提案は採用せず $\boldsymbol{x}_2 = \boldsymbol{x}_1$ とする．この判定に必要な ϕ の値は，その時点のネットワークを用いて計算する．このようにして順次 $\boldsymbol{x}_1, \boldsymbol{x}_2, ...$ を作っていけば，確率分布 $P(\boldsymbol{x})$ に従うサンプルが得られる．

このように，ネットワークへの入力 $\boldsymbol{x}_1, ..., \boldsymbol{x}_K$ はあらかじめ決まっているわけではなく，ネットワークの更新（学習）に応じて，その都度確率的に決められていく．最終的な目標は $\langle H \rangle$ を最小にするような関数 ϕ を見出すことだが，これらもあらかじめわかっているわけではない．つまり，機械学習の分野における，**教師なし学習** (unsupervised learning) に相当するといえるだろう．

2.4 具体的な応用

2.4.1 スピン系

ここまで述べてきた方法が，具体的にどのような量子多体問題に応用されているか紹介する．実は，本章で説明してきたような，粒子の位置 $\boldsymbol{x}$ を波動関数の変数とするような系[5] よりも，離散的な変数を持つスピン系や格子系の問題に応用されている例が多い．最初に，ニューラルネットワークの方法が提案されたのもスピン系の問題である[1]．

スピン系の問題では，粒子の位置を変数とするのではなく，粒子の位置は各格子点に固定されており，その内部状態（スピン）が変数となる．スピンの状態は上向きか下向きしかとれない（スピン 1/2 の場合）．これを $\sigma = \pm 1$ と表すと，波動関数は離散的な変数 σ の関数となる．つまり，N 個の格子点に粒子が配置されている系の波動関数は $\psi(\sigma_1, \sigma_2, ..., \sigma_N)$ と表される．引数 $\sigma_1, ..., \sigma_N$ のとりうる場合の数は 2^N 通りあるので，量子多体状態を表すには 2^N 個の波動関数値が必要であり，やはり粒子数 N に関して指数関数的に増えてしまう．

文献[1]では，波動関数を格納するニューラルネットワークとして，本章で紹介した順伝播型ネットワークではなく，ボルツマンマシンと呼ばれるネットワークが用いられているが，入力 $\sigma_1, ..., \sigma_N$ に応じてネットワークにより試行関数 $\phi(\sigma_1, ..., \sigma_N)$ が与えられ，$\langle H \rangle$ を最小にするようにネットワークパラメータが最適化されていくという手順は 2.3 節で述べたものと基本的に同じである．この方法をイジング模型，ハイゼンベルク模型と呼ばれるスピン系の問題に適用したところ，非常にうまくいくことが示され，世界に驚きを与えた．

2.4.2　格子上の粒子系

ニューラルネットワークを用いた方法は，格子上の量子多体系にも適用されている[6~8]．この場合，各格子点に存在する粒子は隣接した格子点へと飛び移ることができる．また，同種粒子は原理的に区別できないという量子力学的な性質から，波動関数の引数として，個々の粒子がどの格子点にいるかを指定するのではなく，それぞれの格子点にいくつの粒子が入っているかを指定する．したがって，波動関数は $\psi(n_1, n_2, ..., n_M)$ と表される．n_i は i 番目の格子点にある粒子数である．この場合も，とりうる $n_1, n_2, ..., n_M$ の場合の数は全粒子数 N, 格子点の数 M に関して指数関数的に増大する．n_i に上限がない場合，**ボース・ハバード模型** (Bose–Hubbard model) と呼ばれる．

試行関数 $\phi(n_1, n_2, ..., n_M; \boldsymbol{w})$ を表現するニューラルネットワークへの入力は $n_1, n_2, ..., n_M$ である．図 2.1 のように隣接する層間のユニット同士がすべて結合している順伝播型ネットワークを全結合型というが，全結合型だけでなく**畳み込みニューラルネットワーク** (CNN) も用いられ，後者の方がより有効であることが示された[7]．CNN は画像認識などでよく使われ，空間的な特徴を捉えるのが得意である．この問題や前述のスピン系の問題の場合では，スピンや粒子の配置を「画像」とみなすこともできるため，CNN が有効であろうと思われる．また，格子上のフェルミ粒子系を扱うフェルミ・ハバード模型にもニューラルネットワークの方法が適用され，うまくいくことが示されている[8]．

2.4.3 今後の展望

本章では，ニューラルネットワークを用いて量子多体系の波動関数を表現し，量子多体問題を解く方法について解説した．ここでは基底状態を求める方法のみに焦点をしぼって説明したが，量子多体系の励起状態を求める方法や，時間発展を追う方法も提案されている．

ニューラルネットワークを用いて量子多体問題を解く方法を，従来の他の方法と比べるとどうだろうか．現在のところ，計算精度という点においては量子モンテカルロ法や密度行列繰り込み群の方法の方が優れていると思われる．ネットワークを大きくすれば表現力が上がり精度も上がると期待されるのだが，ネットワークの最適化がうまくいかない場合も多い．しかし，量子モンテカルロ法には負符号問題があり，密度行列繰り込み群の方法は基本的に 1 次元系に限定されている．ニューラルネットワークの方法は，従来の方法が不得意とする系にも適用できる可能性があり，そのような系で威力を発揮すると期待される．

ニューラルネットワークの方法のもう一つの利点は，汎用性の高さであろう．どのような量子多体問題でも，既存のネットワークを使うだけで，それなりの結果が得られる．新しい困難な問題に対して，その系のおおよその性質を数値的に探るための，第一選択的な方法として有効であると思われる．

本章執筆時点で，ニューラルネットワークの量子多体問題への応用は，まだまだ発展途上であり，その可能性も未知である．より多くの研究者がこの分野に参入し，新たな道が切り拓かれることを期待する．

作業環境

筆者はC++言語を用いてニューラルネットワークを自前で実装し，インテル Xeon プロセッサ (2CPU) が搭載されたワークステーションで文献[5~7]の計算を行った．手軽に試したい人は NetKet というオープンソースプロジェクトのサイト (https://www.netket.org) を参考にするとよい．そこでは，様々な問題や方法に応じたソースコードが公開されており，通常の PC でも十分実行可能である．興味のある読者は是非ご自分で試していただきたい．

［斎藤弘樹］

文　献

1) G. Carleo and M. Troyer, "Solving the quantum many-body problem with artificial neural networks" Science, **355**, 602 (2017).
2) 岡谷貴之,『深層学習』講談社 (2015).
3) 瀧　雅人,『これならわかる深層学習』講談社 (2017).
4) I. J. Goodfellow, Y. Bengio, and A. Courville, *Deep Learning*, MIT Press (2016).
5) H. Saito, "Method to solve quantum few-body problems with artificial neural networks" J. Phys. Soc. Jpn., **87**, 074002 (2018).
6) H. Saito, "Solving the Bose-Hubbard model with machine learning" J. Phys. Soc. Jpn., **86**, 093001 (2017).
7) H. Saito and M. Kato, "Machine learning technique to find quantum many-body ground states of bosons on a lattice" J. Phys. Soc. Jpn., **87**, 014001 (2018).
8) Y. Nomura, A. S. Darmawan, Y. Yamaji, and M. Imada, "Restricted Boltzmann machine learning for solving strongly correlated quantum systems" Phys. Rev. B, **96**, 205152 (2017).

第 3 章

機械学習でハミルトニアンを推定する

3.1 イントロダクション

本章では，量子多体系のハミルトニアンの機械学習による推定手法を紹介する．本章の内容は押川正毅氏，杉浦祥氏，中川裕也氏との共同研究[1)]に基づく．

3.1.1 物性物理学におけるハミルトニアン

物理系はハミルトニアンによって特徴づけられる．ハミルトニアンは，系に存在する自由度やその間の相互作用を指定し，系のエネルギー，そして時間発展を決定する．固体中の電子のハミルトニアンは，電子座標 $\boldsymbol{r}_i$ と原子核（電荷 $+Ze$）の座標 $\boldsymbol{R}_\eta$ を用いて以下の形に書き下すことができる [*1)]．

$$H = \sum_i -\frac{\hbar^2}{2m}\nabla_i^2 - \frac{Ze^2}{4\pi\epsilon_0}\sum_\eta \frac{1}{|\boldsymbol{r}_i - \boldsymbol{R}_\eta|} + \frac{e^2}{4\pi\epsilon_0}\sum_{i,j}\frac{1}{|\boldsymbol{r}_i - \boldsymbol{r}_j|}. \tag{3.1}$$

ゆえに，「原理的には」電子物性のあらゆる問題は，式 (3.1) を解けば解決される [*2)]．しかし，基本法則である式 (3.1) を直接に扱うことは，多体問題ゆえの複雑さ，計算コストにより困難である．

よって，物性物理学とはひとえに，式 (3.1) に対する適正な近似を探求する営みであるといえるだろう．これまでの研究により，相互作用を無視する自由電子模型やスピン自由度のみに着目した種々のスピン模型などの様々な近似模型と，対応した（数値）計算手法が開発されてきた．例えば，格子状の相互作用電子系の模型としてよく利用されるハバード模型 (Hubbard model)

---

*1) 以下で，ϵ_0 は誘電率，m は電子質量である．

*2) 実際にはさらに原子核のダイナミクスについても考慮する必要がある．

$$H_{\mathrm{Hubbard}} = t \sum_{\langle i,j\rangle,\sigma} c_{j,\sigma}^{\dagger} c_{i,\sigma} + \frac{U}{2} \sum_{i} c_{i,\uparrow}^{\dagger} c_{i,\uparrow} c_{i,\downarrow}^{\dagger} c_{i,\downarrow} \tag{3.2}$$

は，式 (3.1) に対し，タイトバインディング近似による電子運動の制限と，クーロン遮蔽による相互作用の短距離化という近似を行ったものである *3)．このハバード模型に対してさらに，同一軌道内の電子間に働く強い斥力相互作用によるサイトあたり電子数の固定という近似を施せば *4)，磁性体の低エネルギー有効模型である反強磁性ハイゼンベルク模型 (Heisenberg model) が得られる：

$$H_{\mathrm{spin}} = J \sum_{\langle i,j\rangle} \boldsymbol{S}_i \cdot \boldsymbol{S}_j. \tag{3.3}$$

ここで，$\boldsymbol{S}_i$ は電子のスピン演算子，$J > 0$ はスピン間相互作用の結合定数である．

このように，物性物理学においては，着目する現象のエネルギースケールに応じ，様々な有効模型が現れる．有効模型の構成は，各種の物理量や時間発展の（数値）計算コストの劇的な低減を可能にするのみでなく，対象の物理系の低エネルギー物性についてのよりクリアな描像をも与えてくれる．しかし，有効模型の導出はしばしば経験的であり，どのような仮定，すなわち現象に対する物理的描像を採用するかというバイアスがある．そのため，歴史的にはしばしば，同一の系に対して複数の異なるもっともらしい有効模型が提案され，議論の火種となってきた．

3.1.2 ハミルトニアンの「画像」圧縮

従来の経験的アプローチを脱し，客観性の高い手法でハミルトニアンを構成することは可能だろうか．前項で，式 (3.1) の近似理論としてのハバード模型 (3.2) と，さらにその近似模型である反強磁性ハイゼンベルク模型 (3.3) を紹介した．さて，有限サイズの系において，ハミルトニアンは行列の形に書くことができる．先出のハバード模型の場合，各格子点の可能な状態は，電子スピンの自由度と電子の有無から 4 種類存在する．したがって，系の全サイト数が L のとき，

---

*3) ここで，$c_{j,\sigma}$ はサイト j におけるスピン $\alpha = \uparrow, \downarrow$ の電子の消滅演算子であり，$\langle i,j\rangle$ は最近接サイトの組 (i,j) に関する和である．また，U は斥力相互作用の大きさ，$\dagger$ はエルミート共役を表す．

*4) 適切なフィリング数（サイト数あたりの電子数が 1= half-filled）のもとで．

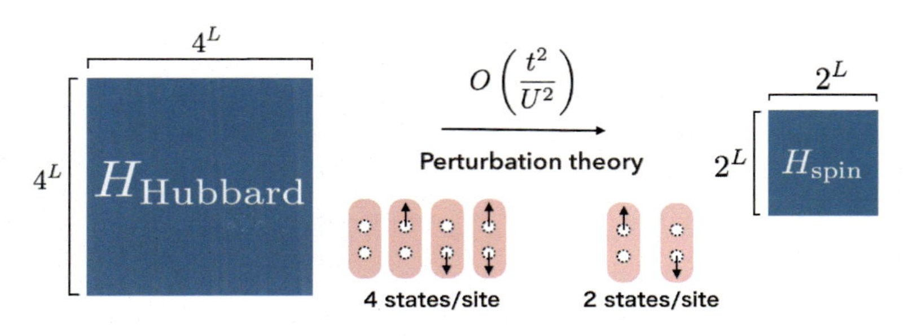

図 3.1 ハバード模型からハイゼンベルク模型へ．ここで，$O(t^2/U^2)$ は t/U の 2 次摂動の範囲で二つの模型が低エネルギー領域で対応することを意味する．

ヒルベルト空間の次元は 4^L であり，対応してハミルトニアンは $4^L \times 4^L = 4^{2L}$ 個の成分を持つ行列の形に書くことができる．一方で，スピン模型であるハイゼンベルク模型の場合，各格子点の状態はスピンの方向で指定される 2 種類のみであり，ハミルトニアンの要素数は $2^L \times 2^L = 4^L$ に落ちる．

ハバード模型からハイゼンベルク模型への移行は，通常，t/U に関する摂動論によって行われるが，この摂動論の手続きの前後のハミルトニアンを比較して見ると，これは 4^{2L} 個の要素を持つ行列を，要素数 2^{2L} の行列により，低エネルギーの性質を保つように近似したことになっている．そして，ハミルトニアンの各要素を画像のピクセルのように見るならば，これは「4^{2L} ピクセルの 2 次元画像を 2^{2L} ピクセルの画像に圧縮する操作」となっている（図 3.1）．

では，例えば，ハミルトニアンを 2 次元画像とみなし，画像圧縮技術を利用して有効ハミルトニアンを構成することができるだろうか．残念ながら，圧縮の前後で保持されるべき性質は，通常の画像の場合とハミルトニアンとでは全く異なっており，既存の画像圧縮技術の流用が不適切であることは明らかである．また，有効模型を構成する目的に照らせば，圧縮後のハミルトニアンは，どのような物理的自由度がどのような相互作用をしているのかという解釈が可能な形でなければならない．単に画像として（= 複素行列として）数値的に得られるだけでは不十分なのである．

3.1.3 対角化の逆問題としての定式化

系の低エネルギー有効模型を導出するという立場から考えると，圧縮に際して保持されるべき情報は低エネルギーの物理的性質ということになる．以下では具体的に，「与えられたハミルトニアンの低エネルギー固有値」を保持する対象として考えてみよう．すなわち，我々が解きたいのは，ある与えられた実数列 $E_1, E_2, ..., E_n$ に対して，それを低エネルギー固有値として持つようなエルミート行列 $H(N \times N)$ を構成する，という**対角化の逆問題**である．しかし，容易にわかる通り，これは数学的には不定な問題である．一般にエルミート行列 $H(N \times N)$ の独立なパラメータの数は N^2 であり，これは利用可能な固有値数 n の最大値 N よりも大きい．さらに，実用的には，系のサイズに対して指数関数的に増大する N に比べ，利用する固有値数 n ははるかに小さいことが望ましい．結局，我々は，n 個の「学習データ」でもって，それよりも指数関数的に大きい N^2 個のパラメータを推定する必要があるのである．

純粋な数学，ないしデータ科学の問題であればここで諦めるべきところかもしれないが，幸いにして，我々が扱っているのは一般のエルミート行列ではなく，物理系のハミルトニアンである．すなわち我々は，物理的に正常な系のハミルトニアンが満たすべき様々な制約を利用し，問題を単純化することができる．

実際，実空間の局所的な基底（例えば，各格子点における電子の有無やそのスピンの方向）で書かれたハミルトニアンは，一般のエルミート行列にはない以下の重要な性質を満たす．

(i) 局所性 例えば，ハバード模型 (3.2) の場合，相互作用は同一サイト内のみで生じ，電子の飛び移りは隣接サイト間に限られる．このように，多くの場合，電子間相互作用は遮蔽により短距離化しており，長距離の飛び移りは波動関数の重なりの小ささによって抑制される．

(ii) 少数性 電子系の有効模型としてのスピン模型は，一般には多体の相互作用を含む．しかし通常，8 体や 16 体といった極端に多体の相互作用は極めて小さい結合定数しか持たず，2 体や 4 体に比べ無視できる．サイト数 L の系において，独立な m 体相互作用の項の数は高々 $O(L^m)$ であるため，少数性により，可能な相互作用の種類はサイト数のべきで抑えられる．

(iii) 対称性 系が並進対称性や SU(2) 対称性のようなよい性質を持つ場合，それは有効模型に現れうる相互作用の種類に対する強い制限となる．

したがって，上記の性質を満たすヒルベルト空間の基底（例えば実空間基底）を用いて表現した場合，ハミルトニアンに現れうる項の種類は物理的に限られ

ている [*5)]．そこで，上記の性質を満たす相互作用項のみを含んだ試行ハミルトニアンを定義し，そこに含まれる結合定数を，入力データである n 個の固有値 $E_1, ..., E_n$ を再現するように決定する，というアプローチが可能になる．この，試行ハミルトニアンの最適化というアプローチはまた，関連する物理的自由度とそれらの間の相互作用のあり方をあらわに与えるため，構成されたハミルトニアンの物理的な意味は容易に解釈可能である．

さて，試行ハミルトニアンの設定は，主として人間である我々の仕事である．先に述べたように，スペクトルからハミルトニアンを構成することは適切な仮定（物理的制約）なしには不可能であり，ここで議論しているのは，機械に全自動でハミルトニアンを構成させるという話ではない [*6)]．有効模型の自由度として何を考えるべきか（フェルミオン，ボソン，マヨラナフェルミオン，……）は一般に非自明であり，異なる試行ハミルトニアンの候補が複数存在しうる．しかし，スペクトルの類似度を用いた模型間の定量的な比較が可能であるため，経験論的な模型の構成で生じるようなバイアスの問題は回避することができる．

エルミート行列に対するユニタリー変換の自由度のため，物理的自由度を固定し，局所性や少数性を課したとしても，全く同じスペクトルを持つハミルトニアンが複数現れることがありうる．これは，「正しい有効ハミルトニアン」を目指す立場からすれば弱点だが，一方で，理論的には興味深い．なぜならば，これは，物理的に正常なハミルトニアンの間の，性質 (i – iii) を保つような（非自明な）変換の存在を示すものだからである [*7)]．

3.2 有効模型の構成

本節では，我々の提案した手法をより具体的に見ていく．ここで，もう一度問題を整理すると，解くべきは，「与えられた（人間が与えた）試行ハミルトニアンの

---

*5) より正確にいえば，我々が必要とする精度ではほとんどの項（相互作用や飛び移り）は無視できる．

*6) 機械学習におけるモデル選択手法を利用することで，試行ハミルトニアンの設定を部分的に自動化することは可能である．次節では実際に，スパースモデリングのアイデアを利用した実例を紹介する．

*7) 例えば，次節の手法により，よく知られる複素数の交換相互作用を持つスピン模型と反対称交換相互作用を持つスピン模型の間のゲージ変換を「発見」することができる．

各結合定数を，その低エネルギースペクトルが入力値と整合するように求める」，という最適化問題である．すなわち，前節の議論は，有効ハミルトニアンの構成という課題を，入力した低エネルギースペクトル $E_1, ..., E_n$ に対する**教師あり学習**，という機械学習の言葉に翻訳する作業であった．具体的な最適化手順としては，パラメータ $c_1, c_2, ..., c_M$ を持つ試行ハミルトニアン $H^{\mathrm{tr}}(\{c_\eta\}) = \sum_\eta c_\eta H^{\mathrm{tr}}_\eta$ を設定し，その n 番目までの低エネルギー固有値 $E^{\mathrm{tr}}_1(\{c_\eta\}), ..., E^{\mathrm{tr}}_n(\{c_\eta\})$ を，「教師データ」である $E_1, ..., E_n$ に各学習ステップで近づけ，両者の差異を定量化する何らかの損失関数 $L(\{E_i\}, \{E^{\mathrm{tr}}_i(\{c_\eta\})\}) = \sum_{i=1}^n l(E_i, E^{\mathrm{tr}}_i(\{c_\eta\}))$（例えば差の 2 乗和）が低下するようにパラメータを更新していく，というものになる．

3.2.1 最適化手順

標準的な手法である勾配法を用いるならば，学習速度をコントロールするハイパーパラメータ α を用いて，パラメータ $\{c_\eta\}$ の更新は以下のように行われる：

$$
\begin{aligned}
c_\eta &\leftarrow c_\eta - \alpha \frac{\partial L(\{E_i\}, \{E^{\mathrm{tr}}_i(\{c_\xi\})\})}{\partial c_\eta} \\
&= c_\eta - \alpha \sum_{j=1}^{n} \frac{\partial l(E_j, E^{\mathrm{tr}}_j(\{c_\xi\}))}{\partial E^{\mathrm{tr}}_j(\{c_\xi\})} \frac{\partial E^{\mathrm{tr}}_j(\{c_\xi\})}{\partial c_\eta}.
\end{aligned} \tag{3.4}
$$

右辺第二項のうち，損失関数 $l(\cdot, x)$ の微分は容易であり，差の 2 乗和 $l(E_i, E^{\mathrm{tr}}_i(\{c_\eta\})) = \frac{1}{2}(E_i - E^{\mathrm{tr}}_i)^2$ を用いるならば $\frac{\partial l(E_i, E^{\mathrm{tr}}_i(\{c_\eta\}))}{\partial E^{\mathrm{tr}}_i(\{c_\eta\})} = E^{\mathrm{tr}}_i - E_i$ である．したがって，問題は第二項の $\frac{\partial E^{\mathrm{tr}}_j(\{c_\xi\})}{\partial c_\eta}$ の評価である．

ハミルトニアンの固有値のパラメータ依存性は一般に極めて複雑であるが，その微分値に限れば解析的に評価することができる．求めたい $\frac{\partial E^{\mathrm{tr}}_j(\{c_\xi\})}{\partial c_\eta}$ とはすなわち，「あるパラメータ c_η を $c_\eta + \delta c_\eta$ へと微小に変化させた場合の，試行ハミルトニアン H^{tr} のある固有エネルギーの変化率」である．したがって，初等的な量子力学の摂動論 $E^{\mathrm{tr}}_j(c_\eta + \delta c_\eta) = E^{\mathrm{tr}}_j(c_\eta) + \delta c_\eta \langle \Psi_j | H^{\mathrm{tr}}_\eta | \Psi_j \rangle + O(\delta c_\eta^2)$ により，微分値は，エネルギー E^{tr}_j を持つ固有状態 $|\Psi_j\rangle$ による更新前ハミルトニアンの結合定数 c_η に対応した項 H^{tr}_η の期待値，として求められる：

$$
\frac{\partial E^{\mathrm{tr}}_j(\{c_\xi\})}{\partial c_\eta} \leftarrow \langle \Psi_j | H^{\mathrm{tr}}_\eta | \Psi_j \rangle . \tag{3.5}
$$

試行ハミルトニアンの固有値 $E^{\mathrm{tr}}_1(\{c_\eta\}), ..., E^{\mathrm{tr}}_n(\{c_\eta\})$ を求める際，我々は固有

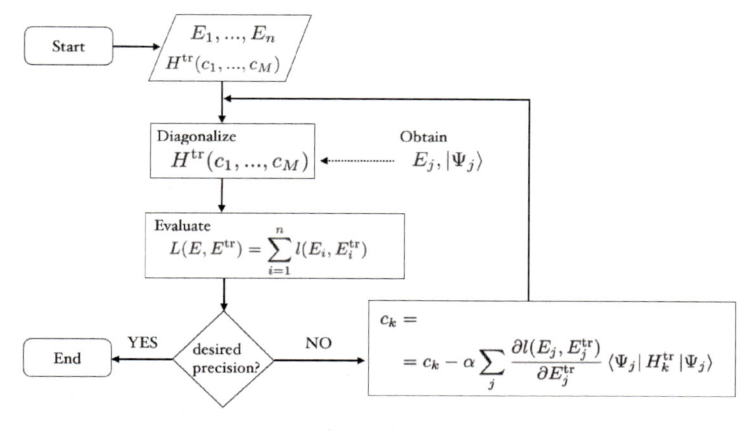

図 **3.2** 最適化のフローチャート．

状態 $|\Psi_j\rangle$ も取得しているため，式 (3.5) の右辺の評価にはそれを用いればよい．以上により，最適化全体のプロセスは，図 3.2 のようにまとめられる．

3.2.2 例：1 次元 half-filled ハバード模型

前項の手順を，実際に 1 次元の half-filled なハバード模型 (3.2) を取り上げ，その有効スピン模型の構成に適用してみよう．先に述べた通り，この低エネルギー有効理論は摂動論によって求めることができ，主要項として反強磁性ハイゼンベルク相互作用 (3.3)，高次摂動項として次近接相互作用や 4 体相互作用などが現れる．我々の目的は，高次摂動論と整合する結果を，ハバード模型の低エネルギースペクトルに対する教師あり学習で得ることである．以下，試行ハミルトニアンとして，高次摂動項に相当する（であろう）項を，対称性の制約のもと，短距離，少数という制約のもとで取り入れた図 3.3 のものを考える．ただし，結合定数 $\{J_i\}, \{K_j\}, \{M_k\}$ はすべて実数の範囲で考える．

前項で述べた通り，ハバード模型の低エネルギースペクトルを教師データとして，この模型中の結合定数を最適化していけばよいが，このような複雑な模型をそのまま学習にかけると，学習データが少ない状況では容易に局所解に束縛されてしまい，よい推定結果が得られない．そこで，いわゆるスパースモデリングの考え方を援用し，モデルの簡素化を行う．具体的には，損失関数 $L(E, E^{\rm tr})$ に L1 正則化項 $\lambda \sum_\eta |c_\eta|$ を加えた新たな正則関数 $L^{\rm reg}(E, E^{\rm tr})$ を採用する．詳

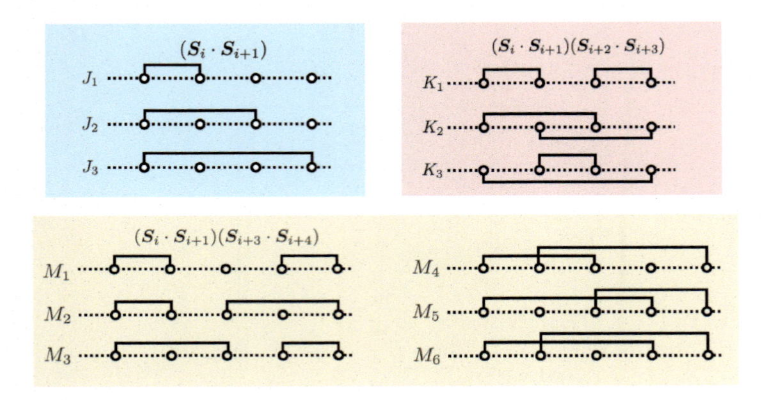

図 3.3　試行スピンハミルトニアンに含まれる相互作用．実線は，その相互作用で結びつけられるサイトの組を表す．

細は省くが，L1 正則化により，学習は「より少数の非零のパラメータでもって損失 $L(E, E^{\mathrm{tr}})$ を低下させる」という方向に向かうことになる．

正則化の強さをコントロールするハイパーパラメータ λ に対する各結合定数の推定値の振る舞いを見ることで，損失 $L^{\mathrm{reg}}(E, E^{\mathrm{tr}})$ への各パラメータの寄与を知ることができる．例えば，強相関極限 $t/U \to 0$ で支配的な最近接のハイゼンベルク相互作用 J_1 はスペクトルの類似度を高める上で最も重要であり，したがって，J_1 は非常に大きい λ のもとでもなお大きい値を持つはずである．一方，比較的長距離かつ多体の相互作用である $\{M_k\}$ のような相互作用は，弱い λ のもとでも排除されるはずである．このような推測は実際正しく，λ に対する各パラメータの（局所）最適値の依存性には明確な階層構造が現れる．階層構造を利用することで，より少数の，スペクトルの類似度を高める上で本質的なパラメータのみを持った模型を選びながら，系統的に模型の精度を上げていくことができる．より詳細な議論については，文献[1)] を参照していただきたいが，以上のような分析を模型 (3.3) に対し行うことで，より少数のパラメータを持った以下の模型を選び出すことができる：

$$H_{\mathrm{spin}} = \sum_{i=1}^{L} \sum_{\Delta=1,2,3} J_\Delta \boldsymbol{S}_{i+\Delta} \cdot \boldsymbol{S}_i + \sum_{i=1}^{L} K_2 (\boldsymbol{S}_i \cdot \boldsymbol{S}_{i+2})(\boldsymbol{S}_{i+1} \cdot \boldsymbol{S}_{i+3}) + \sum_{i=1}^{L} K_3 (\boldsymbol{S}_i \cdot \boldsymbol{S}_{i+3})(\boldsymbol{S}_{i+1} \cdot \boldsymbol{S}_{i+2}). \tag{3.6}$$

このようにして選び出された模型に対し，改めて（正則化を切り）学習を行うことで，パラメータの推定を行う．ここで選び出した模型は，t/U に関する 6 次摂動論が予言する形と整合しており，パラメータに見られた階層構造は摂動論の次数に対応していたことがわかる．

さて，推定されたパラメータの正確性の検証は，$O(t^6/U^6)$ の摂動論の文献値[2] との比較によって行う．具体的には，摂動論の文献値 c_η^p と学習による推定値 c_η の差分の絶対値 $\widetilde{c}_\eta = |c_\eta - c_\eta^p|$ について，その t/U 依存性を調べる．文献値と推定値が整合していれば，この残差は t^7/U^7 のスケーリングを示すはずである．加えて，学習データに用いていないエネルギー固有値 $E_{n+1}, ..., E_{2n}$ $(n = 50)$ に関して評価した**検証損失** (validation error) の U 依存性も見ることにする．両者をまとめたものが図 3.4 である．

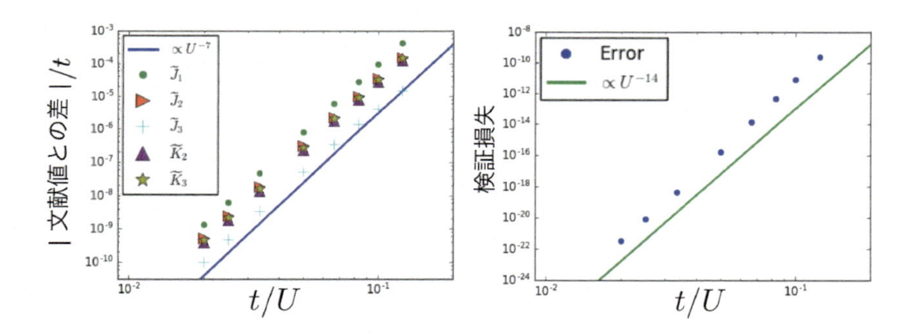

図 **3.4**　推定パラメータと推定誤差の U 依存性．ここで，$L = 10$ とし，全スピン角運動量 $S = 2$ の保存量セクターの固有値を用いて学習を行っている．

まず，パラメータの文献値との差を見ると，実際 t^7/U^7 のスケーリングが現れており，文献値と推定値は整合的である．そして，損失関数の t^{14}/U^{14} 依存性は，両者が実際に正しい低エネルギー模型を $O(t^6/U^6)$ のオーダーで与えていることを示している [*8]．摂動論との整合性はまた，推定値に有限サイズ効果が（現在考えているオーダーとシステムサイズで）存在しないことを示しているが，これは摂動論において有効スピン相互作用が仮想的な電子のホッピング

*8)　ハバード模型の高次摂動論に関しては，互いに異なる結果が複数報告されている[2,3]が，損失に関する我々の分析から，文献[2] が正しいことが示される．

過程から生じることを考えれば自ずと明らかである[*9)].

3.3 応　　用

ここまでで，機械学習によるハミルトニアンの構成の背景と具体的な手法，ベンチマークとしてのハバード模型の有効ハミルトニアン構成を紹介した．最後に，本手法の可能な応用例を二つ紹介しよう．

3.3.1 エンタングルメント・ハミルトニアンの構成

前節で紹介したのは，ある限られたクラスのエルミート行列（物理的ハミルトニアン）に対して対角化の逆問題を解く手法であるが，3.1.2 項で述べたような性質を満たす限りにおいて，対象のエルミート行列がエネルギー関数としてのハミルトニアンである必要性はなく，いわゆる**エンタングルメント・ハミルトニアン** (entanglement Hamiltonian) のようなものであっても構わない．

エンタングルメント・ハミルトニアンは，量子情報・量子多体物理・素粒子物理学など幅広い分野で重要な役割を果たす対象である．ある量子系を部分領域 A と B に分割したとき，エンタングルメント・ハミルトニアン H_A は，状態 $|\Psi\rangle$ に対応する密度行列 $\rho = |\Psi\rangle\langle\Psi|$ の部分トレース $\rho_A = \mathrm{Tr}_B\rho$ を用いて $\rho_A = e^{-H_A}$ と定義される．ρ_A はいわば，部分領域 B という「熱浴」と接した領域 A のカノニカル分布関数であり，H_A はしばしば，領域間の量子的な相関を取り込んだ領域 A の有効ハミルトニアンと見ることができる．密度行列 ρ_A と H_A は同じ情報を保持している．しかし，領域 A における有効的な相互作用の詳細などを ρ_A から読み出すことは実際には困難であり，H_A の構成は量子多体系に対してより豊富な情報を与える．

与えられた量子状態 $|\Psi\rangle$ からその部分密度行列 ρ_A を得ることは容易だが，ρ_A から H_A を得るためには部分系のサイズ L_A に関して指数関数的に大きい ρ_A の全対角化が必要であり，従来，H_A の構成は小さい部分系に対してのみ構成可能であった．さて，領域 A の有効ハミルトニアンとして，H_A は多くの場

*9) 周期的ハバード鎖の長さが L サイトであれば，L 次摂動に対応する項までは有限サイズ効果は現れない．したがって，今回の場合，システムサイズは実は $L=6$ で十分である．

合，3.1.3 項で議論した物理的性質を満たしている．したがって，我々の提案した手法により，ρ_A のスペクトルから H_A を構成することが可能である．詳細は文献[1,4] を参照していただきたいが，H_A が物理的によい性質を持つ場合，実際に高い精度でエンタングルメント・ハミルトニアンを推定可能である．そして，ρ_A の全対角化に比べ，我々の手法は，ランチョス法 (Lanczos algorithm) などの利用により圧倒的に低い計算コストで実行可能である．特に，系が磁化のような保存量を有し，並進対称性を満たす場合，保存量セクターの適切な選択により，計算コストを L_A 非依存にすることさえ可能である．ρ_A の全対角化の計算量が $O(e^{3L_A})$ であることを考えると，これは劇的な改善といえる．

3.3.2 親ハミルトニアンの構成

ハバード模型から有効ハミルトニアンの構成が可能であるならば，その逆もまた可能であろう．すなわち，ある模型が与えられたときに，それを低エネルギー領域の有効ハミルトニアンとして有するような「親」ハミルトニアン (parent Hamiltonian) を構成するのである．物理的に真っ当な性質を持つ親ハミルトニアンが存在する限り，この問題はハバード模型からスピン模型の場合と同じ手法で解くことができる．現代の物性物理学，特にいわゆるトポロジカル系の研究においては，マヨラナフェルミオンや格子ゲージ自由度など，低エネルギー領域において現れる様々な創発的自由度が興味の対象となっている．しかし，このような有効的な自由度の研究は主として，非常に単純化されたトイモデルによっており，それらを低エネルギー領域で実現するような親ハミルトニアンは多くの場合知られていない．

本章で紹介した手法を用いることで，様々な興味深い性質を持つ系を，スピンや電子などのより物理的な自由度で書かれた親ハミルトニアンに結びつけることが可能になる．具体的な電子模型，スピン模型の構成は，そうした系を実現する物質を設計する上で欠かすことのできないステップであり，機械学習の利用はしたがって，従来トイモデルの性質とみなされてきた種々の物理現象を物質系で実現することにつながると期待できる．

3.4 おわりに

本章では，与えられたスペクトルからハミルトニアンを構成するという対角化の逆問題が，ハミルトニアンの物理的性質を利用することで教師あり学習によって解くことができることを見た．有効ハミルトニアンの構成は，低エネルギー物理の数値計算コストの劇的な減少を可能にし，逆に親ハミルトニアンの構成は物質探索に有用であろう．そしてエンタングルメント・ハミルトニアンの低い計算コストでの構成は，大規模な系や高次元系のエンタングルメント構造の研究を可能にするだろう．教師あり学習による対角化の逆問題へのアプローチという本研究の思想が，本章で議論したものにとどまらない多様な分野での応用につながると期待する．

作業環境

本章で扱った内容は，主としてラップトップ [MacBook Pro (Retina, 13-inch, Late 2013)] で実行された．プログラミング言語は Python を使用し，numpy, scipy などのライブラリを利用した．

[藤田浩之]

文　献

1) H. Fujita, Y. O. Nakagawa, S. Sugiura, and M. Oshikawa, “Construction of Hamiltonians by supervised learning of energy and entanglement spectra” Phys. Rev. B, **97**, 075114 (2018).
2) A. H. MacDonald, S. M. Girvin, and D. Yoshioka, “$\frac{t}{U}$ expansion for the Hubbard model” Phys. Rev. B, **37**, 0753 (1988).
3) A. Rej, D. Serban, and M. Staudacher, “Planar N = 4 gauge theory and the Hubbard model” JHEP **03**, 018 (2006)
4) E. Tonni, J. Rodriguez-Laguna, and G. Sierra, “Entanglement Hamiltonian and entanglement contour in inhomogeneous 1D critical systems” J. Stat. Mech., 043105 (2018).

第 4 章

深層学習とポテンシャルフィッティング

4.1 物質・材料をシミュレーションする

物質に関する研究は古来より「世界が何からできているのか」という哲学的な問いに始まり,「物質をどのように合成・改変させることができるのか」という現代でいうところの化学・材料科学的な問いに至るまで長らく人類の興味を惹きつけている. 現代社会においてもなお, より優れた新物質・材料を見つけ出すことが科学・技術や経済的な視点でも極めて重要な課題として挙げられる.

20 世紀初頭にはブラウン運動の理論や量子論などに代表される物理学的な考察によって, それまでに化学者たちが積み上げてきた物質に関する知識体系は原子・分子（そして電子）という単位に基づいて再構成されるようになった. そして現代では電子顕微鏡や走査型トンネル顕微鏡などの観測技術によってその存在をほとんど直接的に観測することが可能となり, 原子・分子という存在は広く受け入れられるようになった.

物質は原子・分子が配列・結合することで構成され, その様子に従って物質の個性, すなわち物性を発現させる. 配列や結合の仕方は原子・分子同士がどのように相互作用するかによって決まる. そして相互作用を基に量子力学もしくは統計力学に従って計算することで物性の理論的な評価が可能となる. しかし理論的な評価には膨大な演算が必要になることが多く, コンピュータを用いた数値計算が主流である.

物質・材料をシミュレーションする, とは上記のような原子間相互作用に基づいた物性に関する数値計算を表している. そのため相互作用の仕方を理解することこそが物質・材料を理解し制御する上でのキーファクターであり, 計算シミュレーションを実施する上での最重要ポイントとなる．

原子間相互作用は，原子配置の情報を入力としてエネルギーを出力とする関数，すなわちポテンシャルとして表現される．原子配置からエネルギーを導く方法には，測定事実や物理的な制約・仮定のもと単純化された数式によってモデル化して取り扱う方法と，単純な数式を用いずに量子力学の基礎方程式に従って幾重にも複雑な計算を積み重ねることで取り扱う方法がある．

前者は後者に比べて計算コストが高いが，近年では後者の手法によるデータ収集が比較的容易となった．そのため，この原子配置とエネルギーの組からなるデータを有効活用し，複雑な計算をすることなく原子配置からエネルギーの値を予測（フィッティング）する試みが，深層学習に代表される機械学習を用いて盛んに研究されている．本章では，この試みについて解説する．

なお深層学習・機械学習を用いたこのような試みは比較的新しい技術であるような印象を受けるだろうが，決してそうではない．長い歴史の中で積み重ねられた結果，成熟しつつある技術であることを説明しなくてはならない．そのため本章では，まず4.2節で原子間ポテンシャルがこれまでどのように構成されてきたのか解説する．そして4.3節では，実験結果に合わせ込むのではなく高精度な理論に合わせ込むというフィッティングによるポテンシャル作成に至った変遷と初期のニューラルネットワーク利用について解説する．4.4節では現在広く用いられているニューラルネットワークによるフィッティング技術の礎となったベーラー・パリネロ (Behler–Parrinello) の方法について解説し，最後に4.5節では筆者がどのような課題設定のもとで本技術を研究に活用してきたかを述べる．

4.2 代表的なポテンシャルとその背景

4.2.1 レナード・ジョーンズポテンシャル

物理や化学を学んだものならばレナード・ジョーンズポテンシャル (Lennard–Jones potential，LJポテンシャル) を最も基礎的な原子間ポテンシャルとして知っていることだろう[1]．LJポテンシャルは式 (4.1) のように斥力項と引力項からなり，粒子間の反発と凝集を表現することができる最もシンプルな表式である．一般には $(m,n) = (12,6)$ 型が広く用いられている．

$$U_{LJ}(r) = -4\epsilon \left\{ \left(\frac{\sigma}{r}\right)^m - \left(\frac{\sigma}{r}\right)^n \right\}. \tag{4.1}$$

ここで ϵ と σ はそれぞれポテンシャルの深さとポテンシャルが 0 となる粒子の実行的な半径を表す.

歴史的に面白いのは，このポテンシャルが考案された当時はまだ量子力学以前であるために原子間相互作用の物理的な起源はわかっていなかった *1). 彼はカメルリング・オネス (Kamerlingh Onnes) が提唱した経験的な状態方程式の第二ビリアル係数に注目し，球対称なポテンシャルとして式 (4.1) の表式を満たし (m, n) が 4 以上の整数をとれば状態方程式を満たすことができることを示した.

この時代にはまだ電子計算機などは存在していないため，あくまで手計算による解析が主流であることにも注意したい. 実際，彼が示したポテンシャル形状は条件を満たすシンプルな一例にすぎず，より複雑な表式も十分に考えられる. しかし引力項と斥力項という本質的な構成とシンプルでありながらアルゴンガスなどの実験結果を説明することに成功した点からも彼の功績は大きい. なお，これは 100 年近く前に考案されたポテンシャルだが，未だ多くの研究で広く用いられいる.

4.2.2 スティリンジャー・ウェーバーポテンシャル

LJ ポテンシャルは球対称を仮定しているために結晶構造や分子構造のように異方的な結合を表現するには不十分である. シリコンなどの共有結合姓結晶を表現するための原子間ポテンシャルとして有名なのがスティリンジャー・ウェーバーポテンシャル（Stillinger–Weber potential，SW ポテンシャル）である[3].
SW ポテンシャルはある距離以上では相互作用がなくなるような引力項と斥力項に関する f_2 項と，3 体相互作用として角度成分を加味した f_3 項からなり，表式は以下の通りである.

---

*1) 同時期に発表されている水の構造決定に関する論文には “No attempt has been made in this work to enter into the question of the origin of the forces holding the molecule in equilibrium.” と書かれている[2].

$$f_2(r) = \begin{cases} A(Br^{-p} - r^{-q})\exp[(r-a)^{-1}], & (r < a), \\ 0, & (r \geq a), \end{cases} \tag{4.2}$$

$$f_3(\mathbf{r_i}, \mathbf{r_j}, \mathbf{r_k}) = h(r_{ij, r_{jk}, \theta_{jik}}) + h(r_{ji, r_{jk}, \theta_{ijk}}) + h(r_{ki, r_{kj}, \theta_{ikj}}), \tag{4.3}$$

$$h(r_{ij}, r_{jk}, \theta_{jik}) = \lambda \exp[\gamma(r_{ij} - a)^{-1} + \gamma(r_{ik} - a)^{-1}] \times \left(\cos\theta_{jik} + \frac{1}{3}\right)^2. \tag{4.4}$$

このポテンシャルが発表されたのが1985年のことであり当時はすでに電子計算機を利用することが可能であった．そのためにこのような複雑な形状のポテンシャルであっても計算シミュレーションによる運用が可能であるために手計算による解析の取り扱いやすさよりモデルの表現力を重視することができたとも解釈できる．

パラメータの数はLJポテンシャルの二つに比べて七つと大きく増加しているため，実験結果に合うようなパラメータを決定することは決して容易でない．実際，スティリンジャーとウェーバーがどのようにパラメータを決定したのかは原論文には明記されていないが，決して容易なことではなかっただろう．さらにいえば，ポテンシャルは**分子動力学** (molecular dynamics, MD) の計算によって得られた結果が，いくつかの実験結果を再現するようパラメータの調整をする必要があるため，パラメータを決めては計算して確かめるという試行錯誤を伴う．汎用的に利用することが可能なポテンシャルの設計が職人技であるといわれるのはこのためである．

4.3 フィッティングによるパラメータ決定

前節では，代表的なポテンシャルであるLJポテンシャルとSWポテンシャルについて解説した．両者はともに実験で得られた物性値を再現するような**経験的パラメータ**を見つけ出すことで設計され，広く研究に活用されてきた．その後**第一原理計算** (first-principles calculation) と呼ばれる経験的パラメータを用いない理論計算手法の登場により，ポテンシャルの設計は新しい局面を迎えた．なぜなら，参照する値が実験結果だけでなく第一原理計算の結果も用いることができるようになったためである．さらにいえば実験結果の参照にはポテンシャルを決定したのちに計算して得られる物理量と比較する必要があったが，第一原理計算ではポテンシャル自体を計算することができる．そのために試行錯誤的なパラメータ探索からいわゆるフィッティングによるパラメータ設計が可能となった．

4.3.1 第一原理計算の登場

第一原理計算とは基礎方程式と基礎物理定数に基づき，実験事実に合わせ込んだ経験的パラメータを含む経験的物理モデルを用いない計算手法全般を指す．最も一般的な手法が**密度汎関数理論** (density functional theory, DFT) に基づく計算である[4,5]．この理論は，計算が困難な電子に関する多体シュレディンガー方程式を，その解と等価な電子密度分布を基底状態に持つような有効ポテンシャル下の一電子問題に落とし込むことで物質中の電子状態を効率的に解くための手法である．また波動関数理論に基づくハートリー・フォック法や，量子色力学に基づく格子ゲージ理論計算，またプラズマに関する計算などでも第一原理計算という呼称を用いることがある．

物質科学における第一原理計算の強みは，経験的なモデルを構築することなく物性を評価できる点にある．そのために経験的なポテンシャルモデルが立てられない場合にも適用することが可能であり汎用性に長けている．また未知の物質予測にも用いることができる．興味深いことに，近年では水分子の構造なども実験事実としてというよりは第一原理計算の結果を根拠としていることも多い[6]．

しかしながら膨大な計算コストが必要であるという大きな問題点がある．一般の DFT 計算は粒子数 N に対して $O(N^3)$ で計算量が増加することが知られている．つまり 100 原子の計算に 1 時間かかるとしたら 1000 原子の計算には 10^3 倍の計算時間，すなわち計算コストだけで 1 カ月以上かかることになる．現在では計算量を近似的に $O(N)$ にする手法やスーパーコンピュータを駆使することによって百万原子レベルの第一原理計算も可能であるが決して一般的ではなく，大規模計算を実行するには経験的ポテンシャルに頼ることが多い．

第一原理計算の登場により経験的ポテンシャルは必要不可欠ではなくなったが，計算コストの利点から高速かつ大規模な計算を行うために必要な技術へとその役割を変化させたのだ．

4.3.2 物理モデルに対するフィッティングと TTAM ポテンシャル

第一原理計算の結果を利用してポテンシャルを作成した成果は 1988 年に常行らによって報告され，**TTAM** ポテンシャルとして知られている[7]．常行らは SiO_2 に着目し，SiO_2 が有する多様な結晶相 (quartz, stishovite, cristobalite など) を再現するようなポテンシャルを非経験的に作成することを試みた．まず，SiO_4^{4-} というクラスターモデルに電荷補償のために四つの点電荷を導入した系に対してハートリー・フォック法 (Hartree–Fock method) による全エネルギー計算を実行した．クラスターモデルの Si–O 間距離や O–Si–O 角をといった内部自由度を基準振動モードに従って変化させながら全エネルギー計算を行うことで内部自由度に対するポテンシャルエネルギーを計算することができる．また第一原理計算では電子密度の情報も取得できるため，その計算結果から Si–O 間の電荷移動量 Δn を大まかに見積もり，低温化での水晶 (α-quartz) の物性を再現するような値を決定している．

フィットに用いたモデルポテンシャルは，長距離成分と短距離成分を考慮した静電相互作用項，ボルン・マイヤー (Born–Mayer) タイプの斥力項，そして分散力に起因する引力項からなる[7]．これは物理的考察に基づいて設計されており，パラメータ数も八つと比較的シンプルである．しかしながら SiO_2 が持つ多様な結晶相を単一のポテンシャルで再現できた点，また未知の高圧相を発見するなど優れた成果を挙げている[8]．

4.3.3 ニューラルネットワークによるフィッティング

原子間ポテンシャルモデルを作成するためには，第一原理計算の結果にあわせるにせよ実験結果にあわせるにせよ，前節で述べたような，適切な物理モデルを物質毎に考察して導き出す必要があった．しかし第一原理計算の結果を再現するだけであれば物理モデルを仮定しなくても「何らかの関数」を構成すればよい．これにより多様な物質や系に対して柔軟に対応できる．これは時代の変遷とともに計算機能力が向上し，次第に大量のデータを取得できるようになってきたことも要因として挙げられよう．

ニューラルネットワークを用いたポテンシャル作成は 1995 年にブランク (Blank) らによって報告された[9]．彼らはニューラルネットを式 (4.1), (4.2) のような関数形を仮定することなく，高次元データに対しても柔軟かつ誤差を抑えた形で適用できるフィッティング手法として注目した．ニューラルネットワークが適切に原子配置とエネルギーの関係をフィットできることを確認するために，ブランクらはまず古典ポテンシャルを用いた結果を再現できるかを調べた．

取り扱ったのは Ni(111) 表面に対する CO 吸着の問題である．CO 分子が有する自由度のうち重心位置と表面に対する分子の角度に関する 3 自由度を入力とした 3-15-1 という 3 層のネットワークトポロジーを構成し，古典ポテンシャルの計算結果から得た 637 点の教師データをもとにフィッティングを行ったところ，誤差は 0.022 kcal/mol という精度を達成した．

この論文でブランクらは作成したニューラルネットワークポテンシャルを経路積分の計算に適用している．経路積分の計算を適切に実行しようとした際におおむね 10^8 回の様々な原子配置に対するサンプリング計算が必要であるとしており，計算コストの低減は極めて重要であった．実際，低次元化かつ複雑な演算を廃したニューラルネットワークポテンシャルによる計算は，古典モデルのそれと比べて精度を保ちつつ 10 倍程度高速に計算できた．このような繰り返し計算が必要な系に対する応用は今日の機械学習ポテンシャルの応用先を考える上でも重要な知見であるといえる．

最後に Si(100) 上での H 原子の再結合脱離について第一原理計算を行い，遷移状態を含むような複雑な状況に対してもフィッティングが可能であることを示した．この論文では反応に主に寄与する二つの H 原子と吸着元の二つの Si 原子のあわせて 12 の空間自由度を入力として 12-8-1 という構成に対して 750 データを用いて 1.7 kcal/mol という訓練誤差，2.1 kcal/mol という汎化誤差を得た．モデルを直接仮定しない別の手法である spline 補間の一種では 12 次元のフィッティングはうまくいかなかったとしており，高次元データに対する優位性も示している．またニューラルネットワーク自体を直接微分することで力の計算も可能だと示唆しており，現在使われている基本的な考え方や有効性がすでに示されているも注目に値する．

彼らの先駆的な仕事は現代の文脈で捉えると，系に含まれるすべての原子の自由度から重要自由度を選択することでモデルを簡素化し計算を効率化しようとする試みもうかがえる．これはスパースモデリング (sparse modeling) として現在注目を集めており，物理モデルの選択から重要な変数を見出す問題へと課題の方向性がシフトしてきたことも感じさせる．また当時は利用できるデータサイズが 1000 程度，かつ $H_2/SiO_2(100)$ 系は周期境界モデルではなくクラスターモデルを取り扱っているなど，計算モデルの質・量双方から十分なものとは言い難い．当時はすでに誤差逆伝播法など基本的なニューラルネットワークの最適化技術は完成していたが，補間対象となるデータの質・量，そしてコンピュータ性能にまだまだ改善の余地があった．

その後，表面化学反応に対するシミュレーションを対象としてポテンシャルフィッティングを用いた研究が展開された．グロス (Groß)，シェフラー (Scheffler) はニューラルネットワークではなく表面構造の対称性を有する数値基底関数 (symmetry-adapted function) によってポテンシャルを補間することを試みた[10]．この際の入力はいわゆる反応座標を採用していたが，2004 年にローレンツ (Lorenz)，グロス，シェフラーは表面構造の対称性を持つような特徴量（対称性適合座標，symmetry-adapted coordinates）を導入して入力層に置き換え，ニューラルネットワークによる補間を試みた[11]．今日ニューラルネットワークによるポテンシャルフィッティングで入力として広く用いられている対称性関数 (symmtery functions) は，このような歴史的背景をもとに命名されている．

4.4 ベーラー・パリネロの方法

4.4.1 ニューラルネットワークによるフィッティングの課題

ブランクらの最初期の適用方法や，ローレンツらによる適用方法にはニューラルネットワークを汎用的に利用する上での技術的な難しさが残っていた．一つ目が対称性適合座標のような入力に用いる特徴量の設計である．ローレンツらの方法では表面構造それぞれに対してその対称性を持つような特徴量を都度作成する必要があった．これは任意の表面形状に対して一般的に作成することが容易でなく簡便な入力表現を開発する必要があった．別の問題が系の拡張性である．入力層をシステム全体の変数を用いて作成してしまうとその系にしか使うことが許されない．例えば，100 原子系に対してフィッティングを行ってしまうと，たとえ同じ原子であっても 101 原子や 99 原子系などわずかな原子数の変化も許容できなかった．

ところでなぜ特徴量の設計が必要なのだろうか．原子の座標を直接入力としてポテンシャルをフィットすればよいと考える人も多いだろう．実は座標を直接入力にしてしまうと本来ポテンシャルが満たすべきいくつかの対称性が破られてしまう危険性がある．例えば1原子が感じる一様等方なポテンシャルを3次元座標を入力としてモデル化する場合，ニューラルネットワークによるモデルは各座標それぞれに独立なパラメータを割り当てる．すると仮にフィッティング誤差によってx軸とy軸に割り当てられたパラメータが異なってしまうと，座標変換によって一様等方性は破られることになってしまう．同様に複数原子が存在した場合にもニューラルネットワークモデルは同種原子の入れ替えに関するポテンシャルの対称性を担保してくれない．物理モデルを用いない以上，対称性などの物理的制約事項を特徴量に含めなければ精度よくフィッティングを行うことができないのだ．

以上のようにニューラルネットワークを広くポテンシャルフィッティングに用いるためには，簡便な特徴量の設計と対称性，系の拡張性に鍵は，あった．これらの問題を，新たに定義した**対称性関数** (symmetry functions) とサブネットワークを導入して解決したのがベーラーとパリネロである．

4.4.2　対称性関数の導入

ベーラーらは，入力となる特徴量を系全体の対称性から規定するのではなく各原子周辺の局所的かつ並進・回転対称な特徴量を用いた以下のような**対称性関数**を用いて表現した．

$$G_i^{(1)} = \sum_{j \neq i}^{\text{all}} e^{-\eta(R_{ij}-R_s)^2} f_c(R_{ij}), \tag{4.5}$$

$$G_i^{(2)} = 2^{1-\zeta} \sum_{j,k \neq i}^{\text{all}} (1 + \lambda \cos\theta_{jik})^{\zeta} e^{-\eta(R_{ij}^2+R_{jk}^2+R_{ki}^2)} f_c(R_{ij}) f_c(R_{jk}) f_c(R_{ki}). \tag{4.6}$$

$G_i^{(1)}, G_i^{(2)}$ はそれぞれ原子i周辺の距離分布，角度分布に関する対称性関数，$f_c(R)$ はカットオフ関数である．また $R_s, \eta, \zeta, \lambda$ は対称性関数を規定するパラメータである．$G_i^{(1)}$ は，原子iから半径R_sだけ離れた球殻内に含まれる原子数を表しており，$G_i^{(2)}$ は原子i近傍に存在する他の原子の異方性の強さを表していると考えられる．どちらも距離と角度という，並進・回転対称に対して不変な量をもとにしていること，また注目した原子周辺のすべての原子に関する多体配置をもとに計算される量であるために，距離や角度を取り扱っているとはいえ2体・3体を超えた情報を含んでいることに注意されたい．

対称性関数は不変量である距離や角度に加えて，$R_s, \eta, \zeta, \lambda$ などのパラメータを含んでいる．また距離・角度に対して原子の組み合わせだけの自由度を有する．これらパラメータの異なる値のものを複数用意することで対称性関数の列 $\{G_i^\mu\}$ を定義することができる．これが系における原子 i 周辺の特徴量となる．

4.4.3 サブネットワークの導入

特定の原子周辺の特徴量ベクトル $\{G_i^\mu\}$ を定義することで同種原子の入れ替え対称性および系の拡張性に関する課題を解決することができる．そのために原子種に応じたサブネットワークを定義する必要がある．例えば SiO_2 のような2元系の場合，Si と O という2種類の原子種に対してそれぞれサブネットワークを定義する．そして同種原子に対しては同じネットワークを用いて全体を構成する．図4.1にネットワーク構成のイメージ図を示す．各サブネットワークからは原子 i 周辺の局所エネルギーが出力される．各サブネットワークから出力される局所エネルギーの総和を系の全エネルギーと定義し，第一原理計算の結果に合わせ込むことでモデルを作成する．

このような取り扱いにより，まず同種原子のインデックスに対する入れ替え対称性が満たされる．これは同種原子にはすべて同じネットワークを用いるた

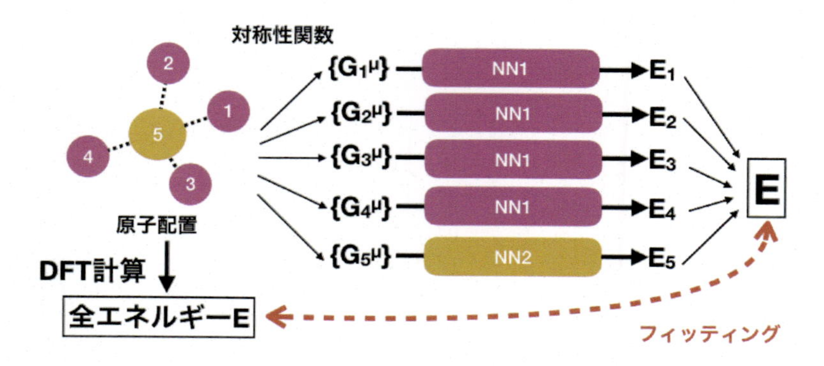

図 4.1 汎用ニューラルネットワークポテンシャルのモデル概要図．同色は同種原子であることを表す．

めである．また系の拡張性もサブネットワークを追加することとで容易に担保することができる．そのため小規模な系に対して第一原理計算を実行してポテンシャルを作成し，それを同一組成で原子数の多い大規模な系に適用するというような利用方法もとることが可能になり，表面系のみならず結晶，アモルファス，固液界面など幅広い系に応用されるようになった．

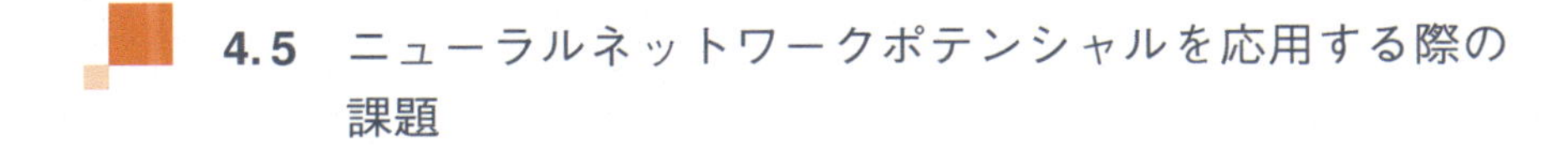

4.5 ニューラルネットワークポテンシャルを応用する際の課題

4.5.1 そもそも何のためのポテンシャルなのか？

ベーラー・パリネロ (Behler–Parrinello) の方法によりニューラルネットワークによるポテンシャルフィッティングは幅広い応用範囲をカバーできるようになったが，研究現場で爆発的に普及したかというとそうでもない．これまでに普及した第一原理計算手法や経験的ポテンシャルを用いたシミュレーション研究にも十分多くの課題に取り組むことができるためだ [*2)]．わざわざ工数をかけてポテンシャルフィッティングを行わなければ解けない問題とは何であろうか？ 実はニューラルネットワークポテンシャルを用いるには，それを活用しなければ解けないような課題を見出すことに大きな障壁がある．課題解決のために本当に機械学習技術が必要なのか改めて考える必要がある．

4.5.2 フィッティングポテンシャルの利点と欠点

第一原理計算の利点は未知の構造に対しても信頼性の高い計算結果を得ることができるが，欠点として計算コストが高いことが挙げられる．経験的ポテンシャルは計算コストが低いために高速かつ大規模な計算を実行できるという利点があるが，未知の構造や物質に対して信頼性の高いものが常に用意されているとは限らない．ポテンシャルフィッティングは両者の利点をつなぐことができるだろう．つまり第一原理計算を用いるだけではすべてをこなすことができない，かつ精度のよい経験的ポテンシャルが普及していない対象にこそフィッティングポテンシャルの適用価値がある．想定される課題として，例えば第一

[*2)] 優れた計算コードが十分に整備・公開されていないことも背景にあるだろう．

原理計算では不十分な分子動力学などの統計を高める，もしくは第一原理計算のみでは実行不可能な候補構造に対する網羅的計算などが挙げられる．

逆にいえば第一原理計算で十分実行できること，また信頼性の高いポテンシャルがすでに用意されているような場合にはフィッティングポテンシャルを作成する価値は低い．そしてフィッティングポテンシャルから得られるのはあくまで“**予測値**”であるために，それが真に妥当であるかの保証はできない．物理的な解釈による裏づけや可能な限りでの第一原理計算による検証も忘れてはならない．また，第一原理計算によるデータがなければ，フィッティング自体行うことができないことも忘れてはならない．

4.5.3　データはどのように・どれくらい準備するのか？

第一原理計算結果のデータを取得する際に忘れはならないのが取得コストが高い点だ．基本的にポテンシャルフィッティングに用いられるようなデータは公開されていないために研究課題に応じて自作する必要がある．また例えば温度などの環境センシングデータのように短時間で大量に取得できてしまうものとは異なり，系の選び方次第では一つのデータ取得に1時間近くかかるケースもある．そのためにビッグデータは前提とできず，いかに少ないデータで効率的に学習を行うかも重要なポイントである．不利な点にも見えるが，物質の選択や学習方法の工夫など研究者の独自性を発揮できる場所でもある．

また構造とそのエネルギーに関するデータを取得できる最も単純な例が，**第一原理分子動力学計算**であるが，これは時系列データであるために構造データ間の時間相関が無視できず，実行的なサンプル数は目減りしてしまう．また拡散の遷移状態のようにエネルギーの高い状態はほとんどサンプリングされていないために，拡散係数の値はいくらか誤差が生じてしまう．拡散障壁もフィッティングポテンシャルで精度よく再現するためには，NEB 法によって遷移状態周辺の構造–エネルギーのデータを取得しデータベースに組み込む必要がある．単純に構造緩和過程を追跡したいのであれば，このようなデータを含める必然性は低いだろう．データ取得に関しても**課題設定**が極めて重要なのだ．

4.6 アモルファス物質シミュレーション

最後に筆者らがニューラルネットワークポテンシャルがなければ研究を進めることができなかった事例としてアモルファス物質に関するシミュレーション研究について解説する*3)．アモルファス物質は，通常の結晶構造と異なり原子が不規則に配列して構成された固体であり，デバイス内部で原子やイオンといった粒子を介する固体電解質としてもしばしば利用される．例えば電池材料として利用される LiPON，Li_3PO_4，不揮発メモリに用いられる Ta_2O_5 などが挙げられる．これら固体電解質としての物性を理解・制御するためにもアモルファス物質の構造と，内部での粒子拡散現象という機能の相関関係を明らかにすることが望まれている．

アモルファス研究を進める上で大きな課題となるのが，この拡散現象を理解するための拡散モデルをどう構築するか，そしてより根本的な課題としてアモルファスの不規則な原子構造をどのように作成するか，その妥当性を検証するか，である．

4.6.1 アモルファス内部の粒子拡散経路の網羅探索

アモルファス構造中の粒子拡散挙動をモデル化することは非常に高い計算コストを必要とする．結晶であれば対称性からおおむね拡散経路を仲介する準安定サイトの場所にあたりをつけることができる．しかしアモルファス構造は原子が不規則に配列しているために，準安定サイト自体に見当をつけることが極めて難しい．アモルファス中の粒子拡散経路をモデル化できないため，これまでは計算コストの非常に高い第一原理分子動力学法を用いるほかなかった．

仮にアモルファス構造内部の準安定サイトをすべて同定するためには，アモルファス構造内のあらゆる場所に粒子を置いて第一原理計算で構造最適化するほかない．しかし仮にアモルファス構造モデルを $50 \times 50 \times 50$ のメッシュに切って各点上で構造最適化を実施すると，1 点あたり 1 時間要するとして 125000 時間すなわち 14 年以上もの計算時間がかかる計算となる．これも全く現実的で

---

*3) 本節で解説する内容は東京大学の渡邉聡教授，李文文博士研究員が中心となった共同研究の成果をもとに作成された[13,15]．

はない．さらに不規則なアモルファス構造を精度よく表現できる経験的ポテンシャルも知られていない．

これは正しくフィッティングポテンシャルを利用するのに適した課題である．我々はターゲットとする Ta_2O_5 のアモルファス構造を作成し，Cu 原子をアモルファス中の様々な場所に配置した際のエネルギー変化 ΔE を第一原理計算で評価した[13]．この計算結果を学習することでアモルファス中の Cu 原子の位置からエネルギー変化 ΔE を予測するニューラルネットワークモデルを作成した．Cu の配置はアモルファス構造をグリッド状に切った各点からランダムに選ぶことで 2000 配置を取得し，うち 1800 を学習に，200 をモデル検証に用いた．この学習データ総数は 50^3 メッシュ上の 1.6%に相当する．フィッティングの結果，図 4.2(a) に示すようによく予測できており，テストデータに対する平方根平均 2 乗誤差 (RMSE) は 39 meV/system であった．今回の課題設定では典型的には数百 meV のオーダーである原子拡散の活性障壁を記述できればよいため，このエネルギー精度でも十分議論が可能である．

1800 程度の学習データでこの精度を得られたのは，Cu 原子が感じるポテンシャルのみに着目し Ta 原子や O 原子の寄与を一種の場として扱っているためにである．このような取り扱いによって Ta 原子や O 原子の運動を議論することはできないが，Cu 原子に関する 1 元系のネットワークのみ最適化すればよく，フィッティングパラメータの大幅な削減が可能となる．事前に実行する第一原理計算の回数を大きく削減するための工夫である．

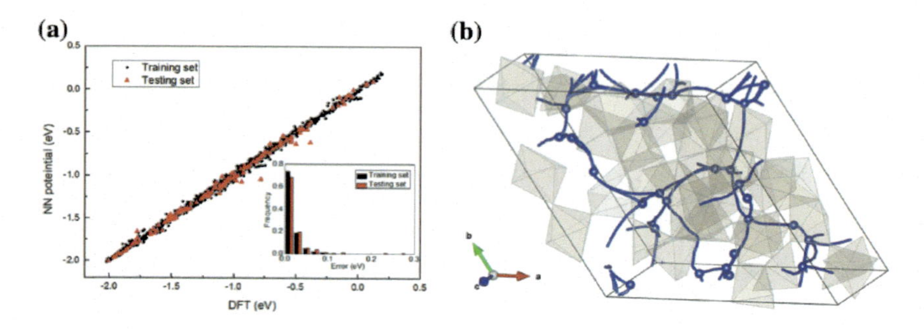

図 4.2　(a) 学習用データとテストデータに対する DFT 計算結果とニューラルネットワークによる予測値の比較．挿入図は平均絶対誤差の分布を表す (b) アモルファス内のイオン拡散経路（文献 [13] より引用）．

このポテンシャルを用いることで第一原理計算と比較して 10^7 倍の構造最適化の加速を達成した．学習用データはグリッド点全体の約1%であったから，学習データ収集を考慮しても実質100倍程度の高速化である．これによりアモルファスモデル内部での局所安定点を全探索することが現実的に可能となった．

準安定サイトをつなぐ遷移経路をNEB法 (nudged elastic band method) により計算することで拡散ネットワークも図4.2(b) のように構成できる．このネットワークモデル上のCu原子の運動を**動的モンテカルロ法**（KMC法）で計算することでこのネットワークモデル上での実行的な拡散係数の評価も可能である．今後，この複雑ネットワーク上の拡散過程や，構造とネットワークの関連性を明らかにすることで，アモルファス材料設計に大きな影響をもたらすことができるだろう．

4.6.2 妥当なアモルファス構造モデルの作成と検証

アモルファス構造は構造を一意に定めることができず，候補となる構造は無数にある．一般には動径分布関数や密度，配位数などで特徴づけることができるが，コンピュータ上に再現したアモルファス構造が妥当かどうかは常に生じる疑問であった．

通常は高温状態から低音状態へと温度制御しながら第一原理分子動力学法を用いて徐々に冷却して構造を作成する**焼きなまし法** (simulated annealing) で作成するが，小規模な原子数でモデルを作成すると部分的に結晶化してしまったり，大きいサイズではそもそも第一原理分子動力学を長時間行うことが難しいために急速冷却せざるをえず，実験より不安定な構造を得てしまうことも多い[14)]．大規模かつゆっくりと冷却することで実験により近い構造モデルを作成することにもフィッティングポテンシャルは有効である．

近年の研究により，**機械学習力場** (machine-learning force field)[*4)] を用いて第一原理計算の100倍ほど遅く冷却を行うと，アモルファス SiO_2 の角度分布や環構造の割合が実験値に近づくことがわかった[15)]．また大規模なアモルファ

[*4)] 原子配置からエネルギーを計算する関数をポテンシャルとしたのに対し，原子配置から原子に働く力を直接計算する関数を力場（force field）と呼ぶ．機械学習力場は，第一原理計算の結果得られた原子配置と力の関係を機械学習によってフィットしたものである．フィッティング手法はニューラルネットワーク以外でも十分な精度を得ることができる．

ス構造に対してもフォノン状態密度を評価することが可能になり，実験と比較することでアモルファス構造の妥当性を評価することも可能である．このような情報から構造の妥当性が高まることで計算された物性値の信頼性も向上することから，振動特性や各種伝導特性といったデバイス開発に欠かすことのできない物性のシミュレーション評価の可能性が広がると期待できる．

4.7 お わ り に

ベーラー，パリネロによる汎用的なニューラルネットワークによるポテンシャルフィッティング手法は 2007 年に報告されている[12]．これは深層学習による Google の猫認識に関する報告の 5 年前にあたる[16]．両者はネットワークの構成も目的もデータ規模も全く異なるために直接の比較は難しいだろう．ただポテンシャルフィッティングの成果は Google による深層学習の研究に触発されてまとめられた論文ではないことは確かだ．原子間ポテンシャルの重要性，第一原理計算の登場，コンピュータ性能の向上によるデータ数や計算可能な系の拡大，対称性関数とサブネットワークの導入といった物質・材料研究における様々な要因を経て達成された成果である．

このような独自の変遷をたどった要因は，物質・材料科学研究の課題にいかに適用するかに注力していたからにほかならない．深層学習という技術が別分野で目覚ましい成果を上げたとしてもそれを物理，化学を基盤とする物質・材料研究にどのように活かすかは自明ではない．そのため機械学習・深層学習がすべてを解決してくれるようなイメージはやはり危ういといわざるをえない．物質・材料科学研究に対する適切な課題設定があって初めて機械学習技術を応用する道を拓くことができる．本章を通じて第一原理計算や測定実験など様々な研究手法がある中で，機械学習を用いることで新たに開拓できる課題があることを感じていただければ幸いである．

作業環境

第一原理計算によるデータ収集は東京大学物性研究所の共同利用スーパーコンピュータを中心に利用し，計算コードはVASPを用いて行った．ニューラルネットによるポテンシャルフィッティングと，それを用いた分子動力学計算はPython 3.6をベースとした自作ソフトウェアをデスクトップ環境およびスーパーコンピュータ上で実行して行った．

［安藤康伸］

文　献

1) J. E. Jones and S. Chapman, "On the determination of molecular fields. II. From the equation of state of a gas" Proc. R. Soc. Lond. A, **106**, 463 (1924).
2) D. M. Dennison, "XII. On the analysis of certain molecular spectra" The London, Edinburgh, and Dublin Philosophical Magazine and Journal of Science, **1**, 195 (1926).
3) F. Stillinger and T. A. Weber, "Computer simulation of local order in condensed phases of silicon" Phys. Rev. B, **31**, 5262 (1985).
4) P. Hohenberg and W. Kohn, "Inhomogeneous electron gas" Phys. Rev., **136**, B864 (1964).
5) W. Kohn and L. J. Sham, "Self-consistent equations including exchange and correlation effects" Phys. Rev., **140**, A1133 (1965).
6) A. G. Császár, G. Czakó, T. Furtenbacher, J. Tennyson, V. Szalay, S. V. Shirin, N. F. Zobov, and O. L. Polyansky, "On equilibrium structures of the water molecule" J. Chem. Phys., **122**, 214305 (2005).
7) S. Tsuneyuki, M. Tsukada, H. Aoki, and Y. Matsui, "First-principles interatomic potential of silica applied to molelcular dynamics" Phys. Rev. Lett., **61**, 869 (1988).
8) S. Tsuneyuki, Y. Matsui, H. Aoki, and M. Tsukada, "New pressure-induced structural transformations in silica obtained by computer simulation" Nature, **339**, 209 (1989).
9) T. B. Blank, S. D. Brown, A. W. Calhoun, and D. J. Doren, "Neural network models of potential energy surfaces" J. Chem. Phys., **103**, 8 (1995) .
10) A. Groß and M. Scheffler, "*Ab initio* quantum and molecular dynamics of the dissociative adsorption of hydrogen on Pd(100)" Phys. Rev. B, **57**, 2493 (1998).
11) S. Loren, A. Groß, and M. Scheffler, "Representing high-dimensional potential-energy surfaces for reactions at surfaces by neural networks" Chem. Phys. Lett.,

395, 210 (2004).

12) J. Behler and M. Parrinello, "Generalized neural-network representation of high-dimensional potential-energy surfaces" Phys. Rev. Lett., **98**, 146401 (2007).

13) W. Li, Y. Ando, and S. Watanabe, "Cu diffusion in amorphous Ta_2O_5 studied with a simplified neural network potential" J. Phys. Soc. Jpn., **86**, 104004 (2017).

14) W. Li, Y. Ando, E. Minamitani, and S. Watanabe, "Study of Li atom diffusion in amorphous Li3PO4 with neural network potential" J. Chem. Phys., **147**, 214106 (2017).

15) W. Li and Y. Ando, "Comparison of different machine learning models for the prediction of forces in copper and silicon dioxide" Phys. Chem. Chem. Phys., **20**, 30006 (2018).

16) J. Dean and A. Ng, "Using large-scale brain simulations for machine learning and A.I" Official Google Blog (https://www.blog.google/technology/ai/using-large-scale-brain-simulations-for/) (2012).

第 2 部

統　計

第 5 章

自己学習モンテカルロ法

5.1 はじめに：機械学習を用いたシミュレーションの高速化

物理学者は，複雑な自然現象を人間が理解可能にするために，自然を何らかの形で近似してきた．例えば，投げたボールの落下地点を予想するための第ゼロ近似として空気抵抗を無視することは，よほどの台風や嵐でなければ現実のよい近似となっている．また，固体における物性は，周期ポテンシャル中の相互作用のない電子の集団を考えることである程度理解できる．人間は，近似をすることで理解しやすい形に自然を切り取り，背後にある物理現象の理解を深めてきた．一方，機械学習では，複雑な現象をニューラルネットワークなどのブラックボックスを用いて記述する．その際，人間が簡単には理解できないブラックボックスを構築することで，複雑な現象から人間が認識しづらいパターンを見出すことができる．それでは，物理学者が行っている自然の近似を機械学習に行わせるとどうなるであろうか？　つまり，自然を近似する有効模型を「機械学習によって構築する」ことを考える．あるシミュレーションがある計算 A を行うことによって実行されるとしよう．この計算 A によって得られるある数値と同じ数値を返すような計算 B が存在するとする．このとき，計算 B の計算量が計算 A よりも小さい場合，シミュレーションは高速化される．この計算 B を見つけるために機械学習を使うことができれば，「物理学者が構築するよりも簡単な有効模型を機械が構築」することが可能となる．本章で述べる**自己学習モンテカルロ法** (Self-learning Monte Carlo method, SLMC 法) とは，モンテカルロシミュレーションを「機械学習で構築した有効模型を用いて高速化」する手法である[1~6)]．

5.2　マルコフ連鎖モンテカルロ法（MCMC 法）の概略

5.2.1　マルコフ連鎖モンテカルロ法

マルコフ連鎖モンテカルロ法（Markov chain Monte Carlo methods, MCMC 法）は，高次元空間における積分：

$$I = \int \cdots \int dx_1 \cdots dx_N W(x_1, ..., x_N) f(x_1, ..., x_N) \tag{5.1}$$

を評価する強力な手法である．ここで，$W(x_1, ..., x_N)$ は N 次元空間において局在した関数であり，$f(x_1, ..., x_N)$ は任意の関数である．MCMC 法では，この積分 I を，確率 $W(x_1, ..., x_N)$ でランダムに生成されるような配位 $\boldsymbol{x} = (x_1, ..., x_N)$ に関する和：

$$I \sim \sum_{\boldsymbol{x}} f(x_1, ..., x_N) \tag{5.2}$$

で評価する．物理・化学の分野では，何らかの分配関数と物理量の期待値：

$$Z = \int d\boldsymbol{x} \exp(-\beta H(\boldsymbol{x})), \tag{5.3}$$

$$\langle A \rangle = \int d\boldsymbol{x} A(\boldsymbol{x}) \exp(-\beta H(\boldsymbol{x}))/Z \tag{5.4}$$

を計算することが多く，ここでの $\boldsymbol{x}$ は非常に大きな次元（ヒルベルト空間の次元）であることが多い．例えば，N 個の古典スピンが並ぶ 1 次元イジング模型（磁性を記述する最も簡単な模型）では，期待値は N 次元空間における積分となり，

$$\langle A \rangle = \frac{1}{Z} \sum_{s_1, ..., s_N} A(s_1, ..., s_N) e^{-\beta E(s_1, ..., s_N)}, \tag{5.5}$$

$$\sim \frac{1}{Z} \sum_{\boldsymbol{x}} A(s_1, ..., s_N) \tag{5.6}$$

となる．ここで，$Z = \sum_{s_1, ..., s_N} \exp(-\beta E(s_1, ..., s_N))$，逆温度 β，古典スピン $s_i = \pm 1$，系のエネルギー $E(s_1, ..., s_N) = J \sum_{\langle i,j \rangle} s_i s_j$，最近接スピン同士の和 $\sum_{\langle i,j \rangle}$ である．配位 $\boldsymbol{x} = (s_1, ..., s_N)$ はボルツマン重み $e^{-\beta E(s_1, ..., s_N)}$ に従ってランダムに生成される．

5.2.2 メトロポリス・ヘイスティングス法

MCMC 法では配位 $\boldsymbol{x}$ を確率 $W(\boldsymbol{x})$ で生成させることが重要である．その際，詳細釣り合い条件：

$$W(\boldsymbol{x}_i)P(\boldsymbol{x}_i \to \boldsymbol{x}_j) = W(\boldsymbol{x}_j)P(\boldsymbol{x}_j \to \boldsymbol{x}_i) \tag{5.7}$$

を満たすようにある配位 $\boldsymbol{x}_i$ から配位 $\boldsymbol{x}_j$ を生成していくと，生成された配位の確率が $W(\boldsymbol{x})$ となることが知られている．ここで，$P(\boldsymbol{x}_i \to \boldsymbol{x}_j)$ は配位 $\boldsymbol{x}_i$ から配位 $\boldsymbol{x}_j$ への遷移確率である．メトロポリス・ヘイスティングス法 (Metropolis–Hastings algorithm) では，遷移確率 $P(\boldsymbol{x}_i \to \boldsymbol{x}_j)$ を提案確率分布 $g(\boldsymbol{x}_i \to \boldsymbol{x}_j)$（$\boldsymbol{x}_i$ が与えられたときに $\boldsymbol{x}_j$ を提案する条件付き確率）と採択確率分布 $A(\boldsymbol{x}_i \to \boldsymbol{x}_j)$（$\boldsymbol{x}_i$ が与えられたときに $\boldsymbol{x}_j$ を採択する条件付確率）に分解：

$$P(\boldsymbol{x}_i \to \boldsymbol{x}_j) = g(\boldsymbol{x}_i \to \boldsymbol{x}_j)A(\boldsymbol{x}_i \to \boldsymbol{x}_j) \tag{5.8}$$

する．そして，$g(\boldsymbol{x}_i \to \boldsymbol{x}_j)$ に従って配位 $\boldsymbol{x}_i$ から配位 $\boldsymbol{x}_j$ を生成し，

$$A(\boldsymbol{x}_i \to \boldsymbol{x}_j) = \min\left(1, \frac{W(\boldsymbol{x}_j)}{W(\boldsymbol{x}_i)}\frac{g(\boldsymbol{x}_j \to \boldsymbol{x}_i)}{g(\boldsymbol{x}_i \to \boldsymbol{x}_j)}\right) \tag{5.9}$$

に従ってその採択を行う．この採択率に従って生成された配位の列：

$$\boldsymbol{x}_1 \to \cdots \to \boldsymbol{x}_i \to \cdots \tag{5.10}$$

をマルコフ連鎖と呼ぶ.

5.2.3 MCMC 法の問題点と SLMC 法

MCMC 法は非常に汎用的な手法であるが，扱う系によって

1）負符号問題

2）長い自己相関時間問題

3）量子系における重み計算量問題

という 3 種類の問題が生じることがある．1) は $W(\boldsymbol{x}_i) < 0$ となってしまい W を確率とみなせない場合に生じる．このような系では絶対値 $|W(\boldsymbol{x}_i)|$ を確率分布として計算することが可能であるが，その場合には $W(\boldsymbol{x}_i)$ の符号の期待値が 0 に近く（低温領域など）なると計算精度が大きく下がる．2) は相転移近傍のパラメータ領域などで起きる問題であり，二つの異なった配位を得るためのマル

コフ連鎖の長さ（自己相関時間）が増大してしまう問題である．この問題は次の配位をどのように得るかというアップデート方法を工夫することである程度緩和することが可能である．しかしながら，考えている系において有効なアップデートが常に存在するとは限らないため，様々な系において様々なアップデート方法の研究がなされている．3) はフェルミオン系などにおいて重み $W(\boldsymbol{x}_i)$ が何らかの行列の行列式で表されるためにその行列式の計算量が増大する問題である．

これらの問題のうち，2) と 3) の解決を機械学習によって試みる手法が SLMC 法である．つまり，2) と 3) という問題を抱えた計算 A の代わりに，機械学習によって別の計算 B を見出すことで，計算量を削減しシミュレーションの高速化を達成するのである．

5.3 自己学習モンテカルロ法（SLMC 法）の概略

5.3.1 基本コンセプト

効率的な MCMC 法を実施するためには，式 (5.9) で表される採択確率をなるべく 1 に近づけたい．この採択確率を 1 に近づけるための最も簡単な方法は，ある配位 $\boldsymbol{x}_i$ から次の配位を選ぶ際になるべく似ている配位 $\boldsymbol{x}_j$ を選ぶことである．配位同士が似ていれば，それらの重み $W(\boldsymbol{x})$ も似ていると予想されるため，採択確率が高くなると予想される．例えば，式 (5.6) のイジング模型においてある一つのスピンを反転させるようなアップデートを考えれば $(s_i \to -s_i)$，その重み $e^{-\beta E(s_1,\ldots,s_N)}$ は高温ではほとんど変わらない．一方，転移温度近傍ではスピンがほとんど揃っているために，一つのスピンの変化は大きなエネルギーの変化を引き起こすため，採択確率は非常に低くなってしまう．

SLMC 法では，式 (5.9) の提案確率分布の比 $g(\boldsymbol{x}_j \to \boldsymbol{x}_i)/g(\boldsymbol{x}_i \to \boldsymbol{x}_j)$ に着目することで高速な MCMC 法を実現する．もし，提案確率分布の比が $g(\boldsymbol{x}_j \to \boldsymbol{x}_i)/g(\boldsymbol{x}_i \to \boldsymbol{x}_j) = W(\boldsymbol{x}_i)/W(\boldsymbol{x}_j)$ となるアップデート方法があれば，完全採択 $(A(\boldsymbol{x}_i \to \boldsymbol{x}_j) = 1)$ を達成することができる．そのような都合のよいアップデートを見つけることは困難に思えるかもしれないが，実は，元のマルコフ連鎖のほかに別のマルコフ連鎖（**提案マルコフ連鎖**と呼ぶ）を用意することで実現が可能である．ある配位 $\boldsymbol{x}_i$ があるとき，提案マルコフ連鎖によって MCMC 法を行って，別の配位 $\boldsymbol{x}_j$ を得ることを考える．この提案マルコフ連鎖における詳細釣り合い条件は

$$W_{\mathrm{prop}}(\boldsymbol{x}_i)P_{\mathrm{prop}}(\boldsymbol{x}_i \to \boldsymbol{x}_j) = W_{\mathrm{prop}}(\boldsymbol{x}_j)P_{\mathrm{prop}}(\boldsymbol{x}_j \to \boldsymbol{x}_i) \tag{5.11}$$

となる．ここで，$W_{\mathrm{prop}}(\boldsymbol{x})$ は提案マルコフ連鎖の確率分布である．ここで，提案マルコフ連鎖における配位 $\boldsymbol{x}_i$ から配位 $\boldsymbol{x}_j$ への遷移確率 $P_{\mathrm{prop}}(\boldsymbol{x}_i \to \boldsymbol{x}_j)$ は，オリジナルのマルコフ連鎖における配位 $\boldsymbol{x}_i$ から配位 $\boldsymbol{x}_j$ への提案確率分布 $g(\boldsymbol{x}_i \to \boldsymbol{x}_j)$ とみなすことができることに着目する．その結果，提案マルコフ連鎖による詳細釣り合い条件より，

$$\frac{g(\boldsymbol{x}_j \to \boldsymbol{x}_i)}{g(\boldsymbol{x}_i \to \boldsymbol{x}_j)} = \frac{W_{\mathrm{prop}}(\boldsymbol{x}_i)}{W_{\mathrm{prop}}(\boldsymbol{x}_j)} \tag{5.12}$$

という関係式が得られ，採択確率分布は

$$A(\boldsymbol{x}_i \to \boldsymbol{x}_j) = \min\left(1, \frac{W(\boldsymbol{x}_j)}{W(\boldsymbol{x}_i)}\frac{W_{\mathrm{prop}}(\boldsymbol{x}_i)}{W_{\mathrm{prop}}(\boldsymbol{x}_j)}\right) \tag{5.13}$$

となる．もし，$W_{\mathrm{prop}}(\boldsymbol{x}) = W(\boldsymbol{x})$ ならば，提案された配位 $\boldsymbol{x}_j$ の採択確率は 1 となり，常に採択される．このような $W_{\mathrm{prop}}(\boldsymbol{x})$ を持つ有効模型を構築できれば，「計算 A と同じ値を出力する計算 B」が得られたことになる．実際には，オリジナル模型と完全に同じ重みを出す有効模型を作成することはできないが，構築した有効模型を使った SLMC 法の平均採択率は，有効模型の重み $W_{\mathrm{eff}}(\boldsymbol{x}_i)$ と元の重み $W(\boldsymbol{x}_i)$ の log の平均 2 乗誤差：

$$\mathrm{MSE} = \frac{1}{N}\sum_i (\log W(\boldsymbol{x}_i) - \log W_{\mathrm{eff}}(\boldsymbol{x}_i))^2 \tag{5.14}$$

を用いて，

$$r \equiv \langle A(\boldsymbol{x}_i \to \boldsymbol{x}_j)\rangle \sim \exp(-\sqrt{\mathrm{MSE}}) \tag{5.15}$$

と見積もることができる[2)]．そこで，計算量がオリジナルの模型のそれよりも低く，MSE を最小とするような有効模型を機械学習で構築できれば，高速な MCMC 法を実現できる．以下の節に SLMC 法の計算の流れ (学習と実行，learn and earn)．について述べる．

5.3.2　シミュレーションステップ 1：学習 (learn)

提案マルコフ連鎖を設計することは，

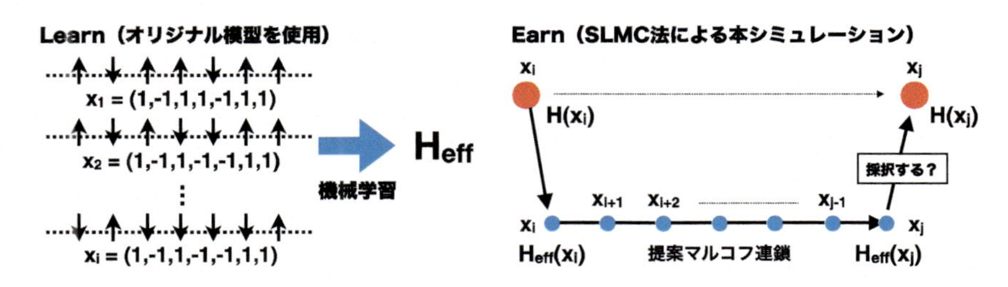

図 5.1　SLMC 法の概略．(a)Learn（オリジナル模型を用いて学習する）．(b)Earn（有効模型による提案マルコフ連鎖を用いた次配置を提案する）．

$$W_{\text{prop}}(\boldsymbol{x}) = W_{\text{eff}}(\boldsymbol{x}) = \exp(-\beta H_{\text{eff}}(\boldsymbol{x})) \tag{5.16}$$

となるような有効ハミルトニアン H_{eff} を設計することに等しい．この有効ハミルトニアンは**教師あり学習**によって構築する．ここで，インプット（学習）データは MCMC 法の配位 $\boldsymbol{x}_i$ であり，その時のオリジナル模型の重み $W(\boldsymbol{x}_i)$ がアウトプット（教師）データである．つまり，インプットを入れたときにアウトプットが再現されるような有効ハミルトニアン H_{eff} を学習によって得る．

そのため，オリジナルの MCMC 法によるトライアルシミュレーションを行い，インプットデータとアウトプットデータの組を入手する．そして，式 (5.14) を最小化するような H_{eff} を求める．

もし，臨界温度近傍などの自己相関時間が長い系を考える場合，独立な配位を得るための時間が長くなるために，有効模型を構築する際に必要な学習データ数を十分にとることができない可能性が生じる．そのような場合には，「そこそこの有効模型を作って逐次的に改善する」という手法が有効である．例えば，自己相関時間の長くない高温領域で有効模型を構築し，その模型を用いてより低温において SLMC 法を実行すれば，より低温の学習データが得られる．温度がそれほど変化していなければ有効模型は大幅に変わっていないと考えられるため，採択確率はそれほど悪くないはずである．これを繰り返すことで，臨界温度近傍でも SLMC 法で学習データを集められるため，十分独立な配位からなる学習データを得ることができる．

5.3.3　シミュレーションステップ 2：実行 (earn)

有効模型 H_{eff} が得られた後，本シミュレーションを以下のように実行する

(図 5.1 も参照).

1) 初期配位の生成：ある初期配位 $\boldsymbol{x}_0$ を用意する.
2) 初期重みの評価：配位 $\boldsymbol{x}_0$ でのオリジナル模型の重み $W(\boldsymbol{x}_0)$ と有効模型の重み $W_{\mathrm{eff}}(\boldsymbol{x}_0)$ を計算する.
3) 次配位の提案：$\boldsymbol{x}_0$ から, 提案マルコフ分布による MCMC 法を用いて M 回配位を更新し, ある配位 $\boldsymbol{x}_1$ を得る.
4) 重みの評価：配位 $\boldsymbol{x}_1$ でのオリジナル模型の重み $W(\boldsymbol{x}_1)$ と有効模型の重み $W_{\mathrm{eff}}(\boldsymbol{x}_1)$ を計算する.
5) メトロポリス・ヘイスティングス法による採択：採択確率 (5.13) に従い, $\boldsymbol{x}_1$ を受け入れるかどうかを決める. 受け入れる場合は $\boldsymbol{x}_1$ を新しい配位とする.
6) 3) に戻る.

このシミュレーションの計算量の見積もりを行ってみよう. 4) におけるオリジナルの重み $W(\boldsymbol{x})$ の計算量を c_{original} とし, 3) における有効模型の重み $W_{\mathrm{eff}}(\boldsymbol{x})$ の計算量を c_{eff} とする. また, 十分に相関のない配位を得るための $W(\boldsymbol{x})$ の評価回数を自己相関時間 τ とし, オリジナルおよび有効模型においてそれぞれ τ_{original}, τ_{prop} としよう. そして, 3) における配位の更新回数 M を $M = \tau_{\mathrm{prop}}$ とすれば, 提案マルコフ連鎖によって相関のない配位が得られる. そして, その配位は平均採択確率 r に従って採択される. さて, オリジナルの MCMC 法におけるトータルの計算量は,

$$C_{\mathrm{original}} \propto \tau_{\mathrm{original}} c_{\mathrm{original}} \tag{5.17}$$

と書ける. 一方, SLMC 法のトータルの計算量は

$$C_{\mathrm{SLMC}} \propto (\tau_{\mathrm{prop}} c_{\mathrm{eff}} + c_{\mathrm{original}})/r \tag{5.18}$$

と書ける. 両者の計算量の比を見てみると,

$$\frac{C_{\mathrm{SLMC}}}{C_{\mathrm{original}}} \propto \frac{1}{r}\left(\frac{\tau_{\mathrm{prop}} c_{\mathrm{eff}}}{\tau_{\mathrm{original}} c_{\mathrm{original}}} + \frac{1}{\tau_{\mathrm{original}}}\right) \tag{5.19}$$

となる. つまり, 採択確率 r が十分 1 に近く, 有効模型の演算量 c_{eff} が少なければ, SLMC 法における計算量はオリジナルの模型の計算量よりもはるかに小さくなることがわかる.

SLMC 法で最も重要な点は, 「有効模型の良し悪しは採択確率の良し悪しに

反映されるだけ」という点である．もしオリジナルと似ていない有効模型を用いた場合，式 (5.15) で見積もられる採択確率 r が低くなり計算時間は増大するが，メトロポリス・ヘイスティングス法に基づいた MCMC 法であることには変わりがないため，期待値はオリジナル模型の値と統計的に厳密に等しい．

5.4　SLMC 法の有効模型の例

ここまで，具体的な有効模型の構築方法については述べてこなかった．この節では，特定の模型のモンテカルロシミュレーションに対して，有効模型の構築方法とそのパフォーマンスについて示す．

5.4.1　二重交換模型

ここでは，一辺が L の 3 次元立方格子上でフェルミオンと古典的スピンが相互作用する二重交換模型：

$$\mathcal{H} = -t \sum_{\langle ij \rangle, \alpha} (c_{i\alpha}^{\dagger} c_{j\alpha} + \mathrm{h.c.}) - \frac{J}{2} \sum_{i,\alpha,\beta} \vec{S}_i \cdot c_{i\alpha}^{\dagger} \vec{\sigma}_{\alpha\beta} c_{i\beta} \tag{5.20}$$

を考えることとする[3]．$\langle ij \rangle$ は最近接ペアの和をとることを意味している．また，$c_{i\sigma}$ はサイト i にありスピン σ を持つフェルミオンの消滅演算子，$\vec{\sigma}$ はフェルミオンのスピンに関するパウリ (Pauli) 行列，サイト i における局在古典スピンは長さ 1 のベクトル $\vec{S}_i$ で表されている．二重交換模型の古典スピン同士の有効相互作用は RKKY(Ruderman-Kittel-Kasuya-Yoshida) 型相互作用と呼ばれており[7]，長距離相互作用 $g_{ij} \vec{S}_i \cdot \vec{S}_j$ となる．この模型は古典スピン配置に全エネルギーが依存しているため，分配関数は可能なすべての古典スピン配置に対して和をとった

$$Z = \sum_{\{\vec{S}_i\}} \mathrm{Tr} e^{-\beta \mathcal{H}(\{\vec{S}_i\})} \tag{5.21}$$

となる．フェルミオンには相互作用がないためにこの分配関数は

$$Z = \sum_{\{\vec{S}_i\}} W(\{\vec{S}_i\}) \tag{5.22}$$

$$W(\{\vec{S}_i\}) \equiv \det \left[\boldsymbol{I} + e^{-\beta H_f(\{\vec{S}_i\})} \right] \tag{5.23}$$

と書くことができる．ここで，$\boldsymbol{I}$ と $H_f(\{\vec{S}_i\})$ はそれぞれ $L^3 \times L^3$ の単位行列とフェルミオンの一体ハミルトニアンの行列である．この模型を MCMC 法で素朴に扱うとすると，マルコフ連鎖の毎ステップごとに $\{\vec{S}_i\}$ が変化するため，$L^3 \times L^3$ 行列の対角化が必要となる．これを回避するために様々な手法が開発されている[8]．

上記の分配関数を再現するような有効模型として，二つの局在スピンに対するすべての 2 体相互作用を含み，並進対称性とスピン回転対称性を持つ模型：

$$H_{\mathrm{eff}} = E_0 - J_1 \sum_{\langle ij \rangle_1} \vec{S}_i \cdot \vec{S}_j - J_2 \sum_{\langle ij \rangle_2} \vec{S}_i \cdot \vec{S}_j - \cdots , \tag{5.24}$$

を考えてみよう．ここで $\langle ij \rangle_n$ は n 番目の近接ペアでの和をとることを意味している．この模型はフェルミオンの自由度を含まない古典系の模型であるため，$L^3 \times L^3$ 行列の対角化をする必要がない．この有効模型を使って，

$$-\beta H_{\mathrm{eff}}(\{\vec{S}_i\}) \sim \log W(\{\vec{S}_i\}) \tag{5.25}$$

となるように係数 E_0, J_i を決めることとする．ここで，ある $\{\vec{S}_i\}$ における $\log W(\{\vec{S}_i\})$ を教師データ E_i とすると，インプットデータ $C_n \equiv -\sum_{\langle ij \rangle_n} \vec{S}_i \cdot \vec{S}_j$ に対する線形補間：

$$E(\{\vec{S}_i\}) = E_0 + \sum_n J_n C_n(\{\vec{S}_i\}) \tag{5.26}$$

を用いて，$\sum_i |E_i(\{\vec{S}_i\}) - E(\{\vec{S}_i\})|^2$ が最小となるように係数 E_0, J_i を決めればよい．学習した結果得られた係数 J_i を図 5.2 に示す．係数は振動しながら減少しており，これは「学習によって有効 RKKY 型相互作用が得られた」ことになる．

オリジナルの模型での自己相関時間と構築した有効模型による SLMC 法の自己相関時間の比較は文献[3]を参考にされたい．$L = 8$ の場合，SLMC 法による自己相関時間はオリジナルの模型でのそれと比較して 1000 倍短い．

5.4.2 不純物模型に対する連続時間量子モンテカルロ法

次に，有効模型がもう少し非自明な系について述べる．銅酸化物高温超伝導体や重い電子系などの強相関電子系を取り扱うための有力な手法の一つとして，動的平均場理論 (dynamical mean field theory, DMFT) がある[9]．DMFT に

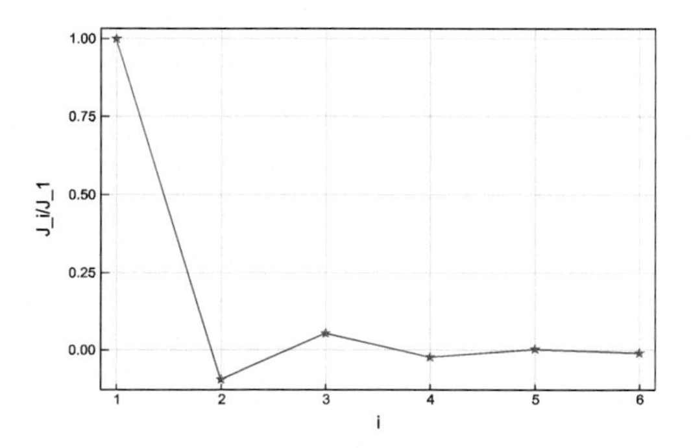

図 **5.2**　あるパラメータにおける二重交換模型の重みを再現する有効模型における相互作用の係数 J_i．J_1 で規格化した．

おいては，系に応じた有効不純物アンダーソン模型を精度よく解く手法が求められている．その手法の一つに，連続時間量子モンテカルロ法（continuous-time quantum Monte Carlo method，CTQMC 法）[10] がある．CTQMC 法では分配関数を

$$\frac{Z}{Z_0} = \sum_{n=0}^{\infty} \int_0^{\beta} d\tau_1 \cdots \int_{\tau_{n-1}}^{\beta} d\tau_n \left(\frac{K}{2\beta}\right)^n \frac{Z_n(\{s_i, \tau_i\})}{Z_0} \tag{5.27}$$

とする．ここで，$Z_n(\{s_i, \tau_i\})/Z_0$ は虚時間 τ 上の擬スピン s_i を持つ n 個の粒子の位置に関する関数である．そして，粒子の数，擬スピンの種類，およびその位置を配位 $\{s_i, \tau_i\}$ とみなし，重みを $Z_n(\{s_i, \tau_i\})/Z_0$ として粒子数 n を変化させながらモンテカルロ法を行う．この重み $Z_n(\{s_i, \tau_i\})/Z_0$ を評価するためにはフェルミオンの一粒子グリーン (Green) 関数に関連する $n \times n$ の行列で表現された行列式を計算しなければならず，計算負荷が高い．この模型に対する有効模型として，2 体長距離スピンスピン相互作用：

$$-\beta H_n^{\mathrm{eff}}(\{s_i, \tau_i\}) = \frac{1}{n}\sum_{i,j} J(\tau_i - \tau_j) s_i s_j + \frac{1}{n}\sum_{i,j} L(\tau_i - \tau_j) + f(n) \tag{5.28}$$

が筆者らによって見出されている[4]．ここで $J(\tau_i - \tau_j)$ や $L(\tau_i - \tau_j)$ は $J(\tau) \equiv \sum_{m=0}^{m_c} a_m T_{2m}[x(|\tau|)]$ $(x(\tau) \equiv 2\tau/\beta - 1)$ であり，チェビシェフ (Chebyshev) 多項式 $T_m(x)$ で展開することで連続な長距離相互作用を表現している．学習で決めるのは多項式展開の係数 a_m であり，この有効模型でも二重交換模型と同様に線形補間で係数を決めることができる．

5.5 今後の展望とまとめ

式 (5.19) からわかるように，SLMC 法による計算量の削減には高い採択率 r を持つ有効模型の構築が必要である．これまでは，系の背後にあると思われる物理からの推測によって，有効模型の形を類推していた．しかし，機械学習によって有効模型を自動的に構築できれば，物理，化学問わず様々な分野への SLMC 法の適用が可能となると思われる．その方向性の一つが，ニューラルネットワークを用いた有効模型の構築である．ある特定の模型に対してニューラルネットワークを用いた有効模型はすでに一例存在しているが[2)]，ここでは，筆者らが最近提案しているより汎用的な有効模型構築方法について述べることとする[5)]．

筆者らは，SLMC 法の有効模型自動構築法の研究の過程において，機械学習分子動力学法[11)] の手法を SLMC 法に適用できることに気がついた．機械学習分子動力学法とは，第一原理計算を用いて計算した力を用いた高精度な分子動力学法を行う代わりに，第一原理計算で得られるエネルギーを模倣するようなニューラルネットワークを構築し，そのニューラルネットワークから原子間の力を評価する手法である（第 4 章で詳述された）．計算コストのかかる第一原理計算の部分をニューラルネットワークに置き換えることにより，非常に高速に分子動力学シミュレーションを実行できるようになった．ここで，2007 年のベーラー (Behler) とパリネロ (Parrinello) の論文によるブレークスルーの決め手となったのが，彼らが提唱する粒子ごとに定義されたニューラルネットワーク (Behler–Parrinello neural network, BPNN) である．SLMC 法ではオリジナル模型の重みを再現するような有効模型を求める必要があり，機械学習分子動力学法では第一原理計算で得られるエネルギーを再現するような BPNN を求める必要がある．そこで，モンテカルロ法における配位を分子動力学法における粒子の座標と読み替えることで，BPNN を SLMC 法に使うことに成功した．この手法によって構築した有効模型には，これまでの有効模型には含まれなかった多体相互作用が含まれ，隠れ層がない場合には先行研究の 2 体相互作用のみを持つ有効模型に帰着されることが示された[5)]．

以上のように，SLMC 法は，「機械学習で構築した有効模型を用いて高速化」

する汎用的な手法である．今後，ニューラルネットなどによる有効模型自動構築法を確立できれば，物理，化学問わず様々な分野への SLMC 法の適用が可能となると思われる．

作業環境

有効模型を式 (5.24) や (5.28) のような線形回帰の使える模型で行うのであれば，どんな言語でも簡単に実装することができる．図 5.2 の計算には Julia 言語を使用している．BPNN の学習には Python 言語における機械学習フレームワーク TensorFlow を用いた．

［永井佑紀］

文　献

1) J. Liu, Y. Qi, Z. Y. Meng, and L. Fu, "Self-learning Monte Carlo method" Phys. Rev. B, **95**, 041101(R) (2017).
2) H. Shen, J. Liu, and L. Fu, "Self-learning Monte Carlo with deep neural networks" Phys. Rev. B, **97**, 205140 (2018).
3) J. Liu, H. Shen, Y. Qi, Z. Y. Meng, and L. Fu, "Self-learning Monte Carlo method and cumulative update in fermion systems" Phys. Rev. B, **95**, 241104(R) (2017).
4) Y. Nagai, H. Shen, Y. Qi, J. Liu, and L. Fu, "Self-learning Monte Carlo method: Continuous-time algorithm" Phys. Rev. B, **96**, 161102(R) (2017).
5) Y. Nagai, M. Okumura, and A. Tanaka, "Self-learning Monte Carlo method with Behler-Parrinello neural networks" arXiv:1807.04955.
6) 永井佑紀，「自己学習モンテカルロ法—機械学習を用いたマルコフ連鎖モンテカルロ法の加速—」分子シミュレーション研究会誌『アンサンブル』**21**(1), (2019)（通巻 85 号）．
7) M. A. Ruderman and C. Kittel, "Indirect exchange coupling of nuclear magnetic moments by conduction electrons" Phys. Rev., **96**, 99 (1954).
8) G. Alvarez, C. Şen, N. Furukawa, Y. Motome, and E. Dagotto, "The truncated polynomial expansion Monte Carlo method for fermion systems coupled to classical fields: A model independent implementation" Comput. Phys. Commun., **168**, 32–45 (2005).
9) A. Georges, G. Kotliar, W. Krauth, and M. J. Rozenberg, "Dynamical mean-field theory of strongly correlated fermion systems and the limit of infinite di-

mensions" Rev. Mod. Phys., **68**, 13 (1996).

10) E. Gull, A. J. Millis, A. I. Lichtenstein, A. N. Rubtsov, M. Troyer, and P. Werner, "Continuous-time Monte Carlo methods for quantum impurity models" Rev. Mod. Phys., **83**, 349 (2011).

11) J. Behler and M. Parrinello, "Generalized neural-network representation of high-dimensional potential-energy surfaces" Phys. Rev. Lett., **98**, 146401 (2007).

第 6 章

深層学習は統計系の配位から何をどう学ぶのか

6.1 統計系を深層学習する

本章では，統計系を深層学習したら何がわかるのかを考察する．考察するシステム全体の枠組みを図 6.1 にまとめた．

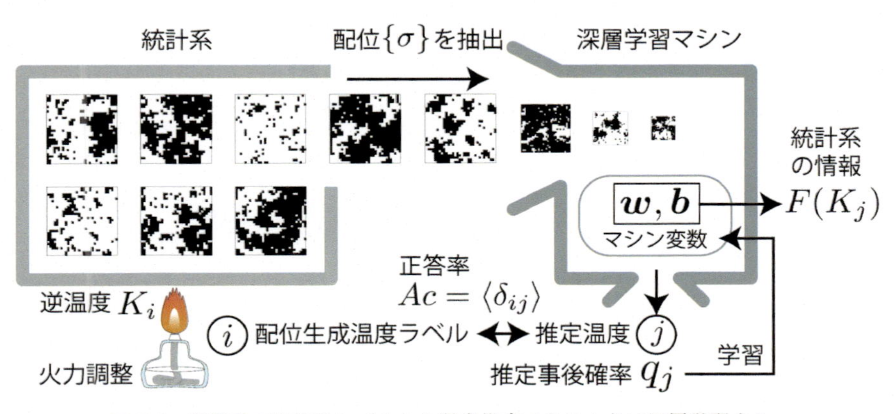

図 **6.1**　統計系の配位サンプルから温度推定できるように深層学習する．

図の左側にある**統計系**とは，多数の自由度からなる物理系であって，その個々の状態の**統計的ウェイト**（**出現確率**）が温度とハミルトニアン（エネルギー関数）で決まるものである．ここでは，**古典 2 次元イジング模型**を考える．具体的には，2 次元平面上に 32×32 の格子点を置き，それぞれにスピン自由度があって，上向きか下向きの 2 状態が可能である．境界は周期境界条件とする．

計 $1024(= 32 \times 32)$ 個のスピンの上下をすべて決めると，それが一つの状態であって配位と呼び $\{\sigma\}$ で表す．図では，白色と黒色でスピンの上下を表現している．可能な配位は 2^{1024} 種類で，いわゆる「天文学的な数」どころではない巨大数である．配位 $\{\sigma\}$ が出現する確率は，

$$P(\{\sigma\}; K) = \exp[-KH(\{\sigma\})]/Z(K). \tag{6.1}$$

ここで，K は温度の逆数，H はハミルトニアン，すなわち系のエネルギーを与える配位の関数である．Z は統計和と呼ばれる物理量で，すべての可能な配位の和で定義され，確率を規格化している．

$$Z(K) = \sum_{\{\sigma\}} \exp[-KH(\{\sigma\})]. \tag{6.2}$$

温度の値がいくらであるかの情報は学習に必要ないので，温度計はいらない．単に火力を調整して，いくつかの異なる温度を用意して配位を作り，その温度ラベルをつけて図 6.1 右側の深層学習に放り込む．以下では温度は 16 個用意するので，そのラベル i を $1, 2, ..., 16$ として，逆温度を K_i と書く．深層学習では，配位を入力として生成温度ラベルを正解とする教師あり学習を行う．そして，配位を与えられたときにその生成温度ラベルを推定する能力を鍛える．

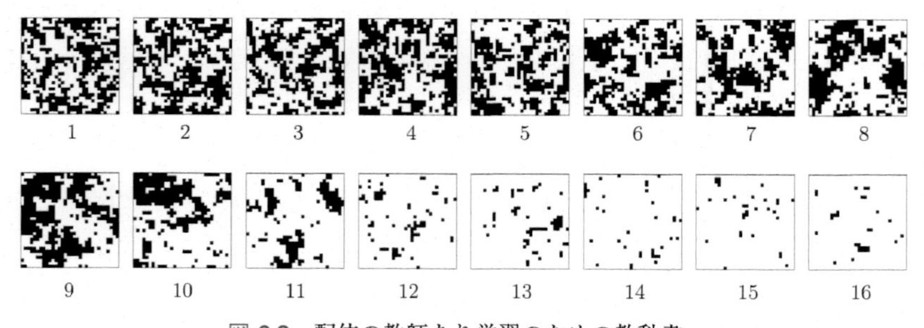

図 **6.2**　配位の教師あり学習のための教科書.

統計系から機械に渡される教師あり学習データは図 6.2 のようなものである．実際には，これを 1 セットとして数万セットを学習させる．各配位図についている番号がその配位を生成した温度のラベルである．以下では逆温度 K は 0.24 から 0.54 まで 0.02 刻みに 16 種類としたので，ラベル 1 が高温側 $K_1 = 0.24$，ラベル 16 が低温側 $K_{16} = 0.54$ となる．この教科書（図 6.2）では，人間の読者が学習しやすいように，各温度で最も出現頻度が高いエネルギーの値を持ち，

トータルスピンが白色側に片寄っている配位を並べた．実際の学習は出現確率に応じたランダムな配位集合で行う．

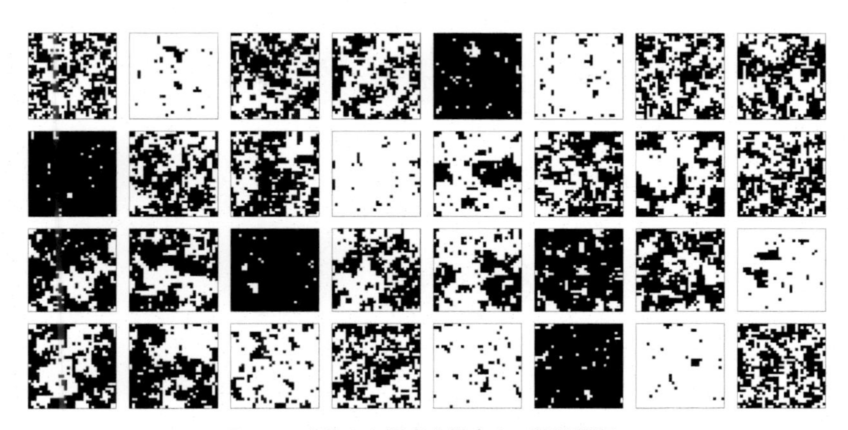

図 **6.3** 配位から温度を推定する試験問題.

学習の成果は試験で測る．図 6.3 が試験問題である．並べた配位 32 個について，教科書（図 6.2）のどの温度ラベル（1 から 16）からの配位であるかを解答していただきたい．なお，この試験問題は，教科書とは違って，ランダムに配位を出題している．章末に正解を記してあるので，いったいどの程度の正答率を出せるかにまず挑戦し，機械の苦労を体験していただきたい．

深層学習の具体的な構成は，図 6.4 に描いた標準的な構成をとる．まずフィルタをかませて，次々と変数を組み合わせて自由度を減らしていく畳み込み層を何段か積み重ねる．その後，元々の 2 次元空間方向をすべて足し上げてしまう．これは，統計系の配位は本来，2 次元空間上で並行移動不変性があるので，それを学習して最適化された機械パラメータにも並行移動不変性があるべきだからである．この事情は手書き文字認識のような画像認識とは全く異なる特徴である．なお，フィルタにいくつかのチャネルがある場合にはその和もとる．そして，たった一つの変数 $x(\{\sigma\})$ に集約する．これが配位から機械が作り出した唯一の特徴変数となる．

続いて，出力段に移る．まず，x から 16 個の y_j への全結合層 (fully connected layer) を作る．

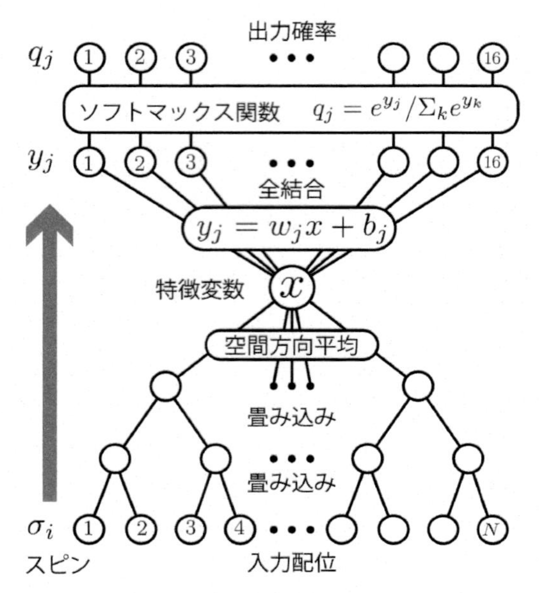

図 **6.4** 深層学習機械の内部構造.

$$y_j = w_j x + b_j. \tag{6.3}$$

ここに現れたパラメータは，ウェイト (w_j)，バイアス (b_j) と呼ばれるが，この章で最も重要な機械パラメータとなる.

そして最終段では，上の y_j に対して**ソフトマックス関数**と呼ばれる下記の関数を使って q_j を出力する．入力配位の関数であることを明示して，

$$q_j(\{\sigma\}) = \frac{e^{y_j}}{\sum_k e^{y_k}}. \tag{6.4}$$

つまり，y_j から指数関数で正定値とした上で規格化し，16 個の「確率」q_j を出力する．この $q_j(\{\sigma\})$ を配位 $\{\sigma\}$ を決めたときの温度ラベルの**事後確率**（**条件付確率**）と解釈する．これは解釈にすぎないが，この解釈のもとで機械を最適化するので，機械はこの $q_j(\{\sigma\})$ に事後確率を出力するように鍛えられる．そして，$q_j(\{\sigma\})$ が最大になる j を温度ラベルの推定値とし，もしそれがその入力配位を生成したときの温度ラベルと一致していれば，「正解」と採点する.

6.2　正答率競争の行方と正答率の理論的上限

さて，鍛えに鍛えた機械の正答率（正解となった配位の数の割合）は 50.1% であった．読者の皆さんの試験（図 6.3）の成績はこれを越えただろうか？

実は，この研究の黎明期，機械に人間が負けるわけがない，囲碁では負けたけれど物理では負けない，こっちは統計系のことは何でも知っている，とかなり傲慢に考えていた．そして，配位からの温度推定を，卑怯にも，繰り込み群の知識や相関関数の知識を総動員してプログラムした．しかし，機械の成績にはどうやっても勝てなかった．勝てなかったので，冷静に反省した．この反省能力は人間がまだ勝っているかも知れない（負け惜しみ）．

今では明らかになった勝てなかった理由は二つである．一つは，正答率には理論的上限が存在しており，理論的上限を実現する「必要十分」条件があること，もう一つは，機械はまさにこの理論的上限に迫る成績をあっさり叩き出していた，ということである．私達の邪な知識総動員プログラムは，理論的上限を実現する必要十分条件を破っていたので，理論的上限に肉薄していた機械に勝つことなどありえなかった．

読者もお気づきのように，配位から生成温度を一意的に導くことは不可能である．なぜなら，どんな温度であっても，あらゆる配位が出現する可能性がある．もちろん，個々の配位の出現確率には大きな開きがあるので，いわゆる典型的な配位の集合は温度が変わると大きく変わる．

ある配位の出現確率 (6.1) は配位 $\{\sigma\}$ の関数であるが，たった一つの関数，すなわちエネルギー $E = H(\{\sigma\})$ を経由して決まっている．エネルギー以外の物理量には何の関係もない．図 6.5 に 16 個の温度ごとの配位のエネルギー分布（E を連続変数とした確率密度関数）を描く．横軸は $-E/1024$ で左から右にかけて K=0.24 から 0.54 のそれぞれの分布が並んでいる．

ある配位 $\{\sigma\}$ を与えられたとき，それを生成した温度ラベル 16 個の事後確率は

$$Q(j;\{\sigma\}) = \frac{P(\{\sigma\};K_j)}{\sum_k P(\{\sigma\};K_k)} \tag{6.5}$$

で与えられる．これは，配位 $\{\sigma\}$ を固定したときの温度ラベルについての条件

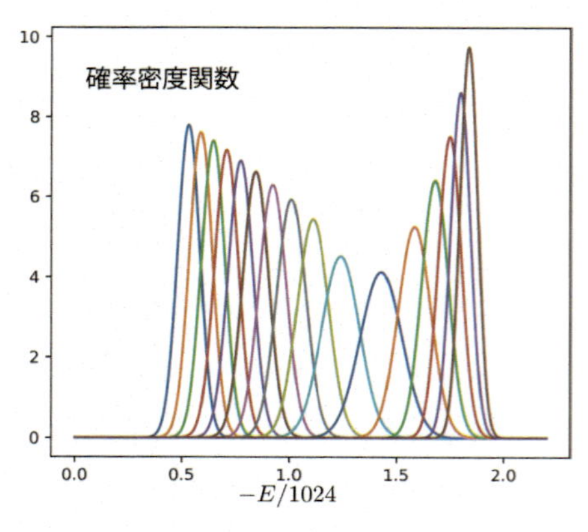

図 **6.5**　エネルギー分布：K=[0.24, 0.54].

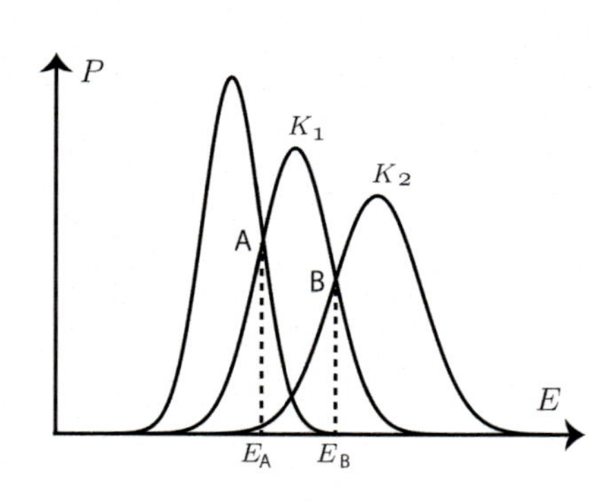

図 **6.6**　配位生成温度の最尤推定.

付確率ともいえる．この配位に対して温度 j を推定温度とした場合の正答率は，まさにこの $Q(j;\{\sigma\})$ にほかならない．したがって，正答率を最大化しようとすれば，最も事後確率の高い j に賭け続ける戦略がベストである．これを**最尤推定**（最も尤（もっと）もらしい推定）と呼ぶ.

この論理を図 6.6 に単純化して説明する．配位のエネルギーが $E_{\rm A}$ と $E_{\rm B}$ の範囲内にある場合には，K_1 を推定温度とするのが最尤推定である．すると，図 6.5 のたくさんある分布曲線の最も上にある部分をつないで作った曲線の下側の面積と分布ごとの面積の和の比が，トータルな正答率の上限を与えることになる．温度ごとの分布曲線の重なりの分だけ正答率上限は下がる．こうやって計算した正答率の理論的上限は 51.1%であり，機械の成績 50.1%はこれ以上望みがたいレベルを達成していることがわかる.

6.3　最適化された機械はエネルギー分析器となる

正答率の理論的上限を達成する最適化された機械は，配位の関数としてのハミルトニアン $H(\{\sigma\})$ の値を知ることが，厳密な数学的意味ではないが，「必要十分」である．エネルギー以外の物理量の情報をいくら使っても組み合わせても，正答率を下げる効果しかない．例えば，人間なら，いや，機械でも，全スピン (total spin) という物理量に目を奪われるだろう．しかし，全スピンを使った温度推定正答率の理論的上限は，29.6%にしかならない.

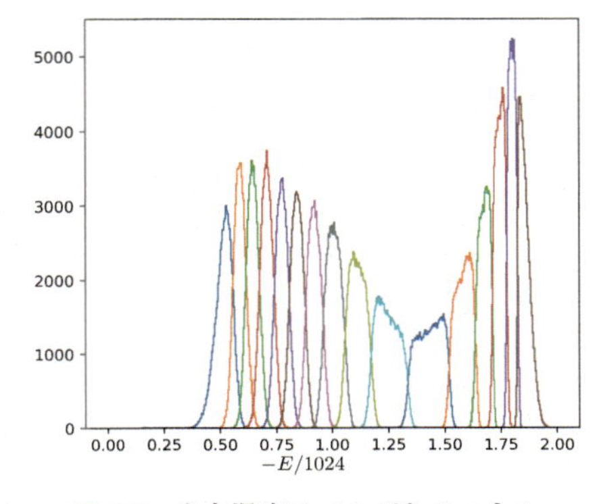

図 **6.7**　出力温度ラベルごとのエネルギー分布.

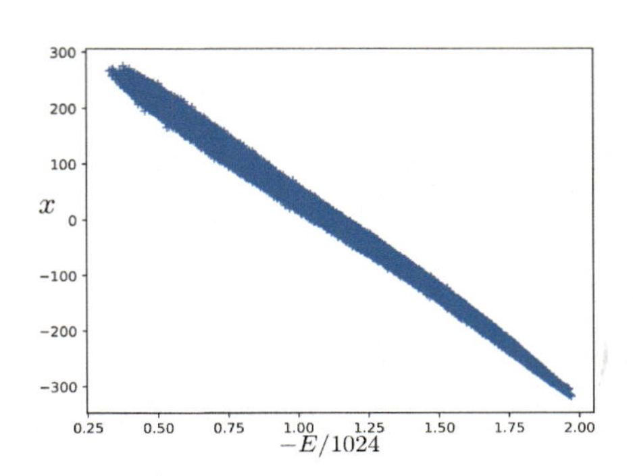

図 **6.8**　エネルギーと特徴量 x の対応.

以下では学習後の機械の詳細を調べる．図 6.7 には，出力された推定温度ラベルごとのエネルギーヒストグラムを描いた．左端がラベル 1，右端がラベル 16 で順に並んでいる．これは，図 6.6 の論理に従った最尤推定を完全に行うならば，エネルギーの区間毎に推定温度が決まるので，区間の両端で分布が切り替わるような図になるはずである．実際には，若干のまじりあいが残っていることがわかるが，その部分が完全な機械からのずれである．

機械の構造（図 6.4）からわかるように，配位の情報は唯一の特徴量 x に集約される．ならば，この x がハミルトニアンの情報を持たねばならない．この変数 x と配位のエネルギーの関係を図 6.8 にプロットした．多少の幅は残っているが，見事に x がハミルトニアンを捉えていることがわかる．エネルギーの原点や単位はここでの議論では意味のない物理量であり，一般に，x はエネルギーの 1 次関数になる．

このようにハミルトニアンを知った機械の出力推定温度の分布を入力温度毎に見たのが図 6.9 である．例として二つの温度の場合を描いた．中央の高いピークは，ちょうど正解であると判断される出力であるが，高くはない．理論的に，半分程度しか正解できないのだから．しかし，この図はそう見てはだめである．この図は，入力温度を決めたときの配位のエネルギースペクトラムを示しているのだ．つまり，温度推定で鍛えた機械は，温度に共役な変数：ハミルトニアンを学び，そのスペクトルメータ（エネルギー分析器）の能力を獲得する．

すると，正答率という数字の低さ自体は問題ではない．ハミルトニアン認識

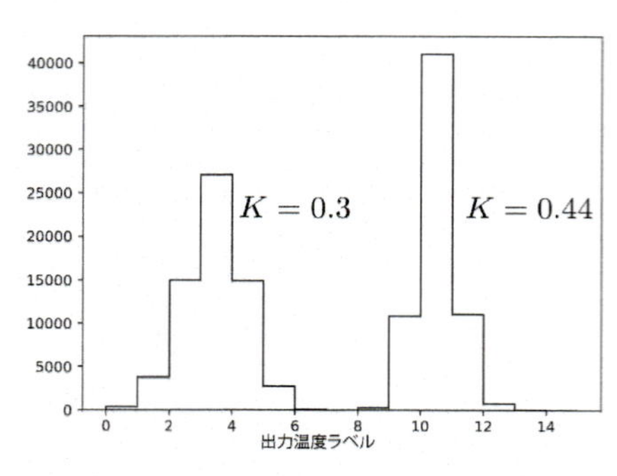

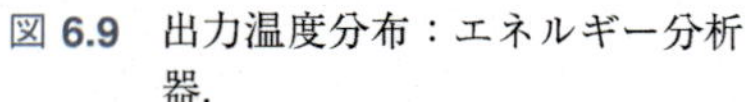

図 6.9　出力温度分布：エネルギー分析器.

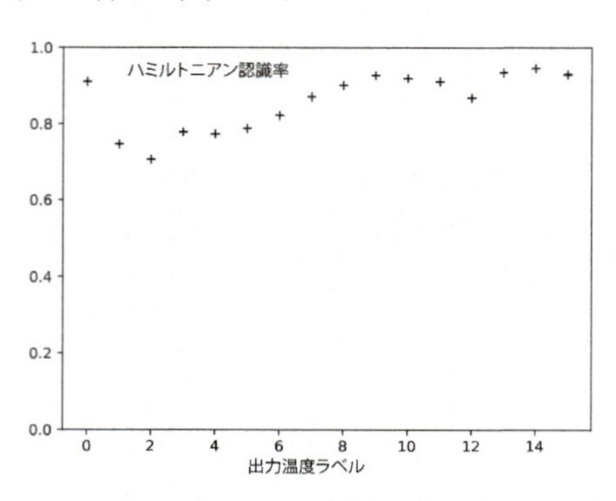

図 6.10　ハミルトニアン認識率.

率という別の指標で機械は評価されねばならない．これを見たのが図 6.10 であり，出力クラス毎に，正しいエネルギー範囲に入っている配位の割合を計算したものである．全体としてのハミルトニアン認識率は 87%になった．これは，図 6.7 全体で正しいエネルギー区間に対応している配位の割合であって，この指標は完全な機械では 100%となるので，機械の能力を適切に評価できる．

6.4　最適化された機械パラメータの解

機械の最適化は，配位を決めた時の事後確率出力 $q_j(\{\sigma\})$(6.4) と正しい事後確率 $Q(j;\{\sigma\})$(6.5) の分布の差（交差エントロピー，cross entropy とも呼ばれる），

$$-\sum_{\{\sigma\}}\sum_{j} Q(j;\{\sigma\})\log q_j(\{\sigma\}), \tag{6.6}$$

を最小化するように行う．これは，正答率を理論的上限にする条件に対して十分条件となっている．この二つは配位の関数であるが，ハミルトニアンを必ず経由しているので，エネルギー E の関数としてよい：$q_j(E), Q(j;E)$.

以下では，$q_j(E)$ が $Q(j;E)$ に完全に一致する最適機械の全結合層パラメータ w_j, b_j が満たすべき条件を求める．まず，特徴量 x は図 6.8 にあるように，エネルギーの 1 次関数となる．

$$x(E) = -\frac{1}{a_1}E - \frac{c_1}{a_1}. \tag{6.7}$$

変な定義だが，最後の式を簡単にするためである．機械の出力は，

$$q_j(E) \propto \exp(y_j) = \exp(w_j x(E) + b_j). \tag{6.8}$$

ここで比例 ($\propto$) の意味は，j 方向のベクトルとしての比例である．他方，正解は

$$Q(j;E) \propto \frac{\exp(-K_j E)}{Z(K_j)}. \tag{6.9}$$

したがって，$q_j(E)$ と $Q(j;E)$ がすべての j, E で一致するための必要十分条件は，

$$\exp(w_j x(E) + b_j) = C(E)\frac{\exp(-K_j E)}{Z(K_j)}. \tag{6.10}$$

ただし，$C(E)$ は任意の比例定数である．両辺の対数をとって，

$$w_j x(E) + b_j = \log C(E) - K_j E + F_j. \tag{6.11}$$

ここで，逆温度 K_j での**自由エネルギー** F_j を導入した．

$$F_j \equiv -\log Z(K_j). \tag{6.12}$$

上式は E の恒等式であるから，$\log C(E)$ は E の 1 次式に限定される．

$$\log C(E) = a_0 E + c_0 - \frac{a_0 c_1}{a_1}. \tag{6.13}$$

これらを解くと，四つの不定定数 a_1, a_0, c_1, c_0 を用いて，

$$w_j = a_1 K_j + a_0, \tag{6.14}$$

$$b_j = F_j + c_1 K_j + c_0. \tag{6.15}$$

これは驚くべき結果である[1,2]．まず，逆温度 K_j の値が w_j からわかる．そして，b_j は自由エネルギーと温度の 1 次式となっている．この 1 次式は不定であるが，エネルギーの原点 (c_1) と出現確率全体の規格化 (c_0) の自由度であって，物理情報とは無関係である．自由エネルギーを逆温度で 2 階微分すれば，この 1 次関数の不定性は消え，**比熱の温度依存性**が不定性なく得られる．**比熱に相転移**の名残としてのピークが認められれば，相転移温度の情報が得られる．統計系の配位を学習し温度推定の鍛錬を積んだ機械は，その内部に統計系の自由エネルギーを温度の関数として刻んで記憶する．

6.5　機械は自由エネルギーを確かに記憶した

前節の結果を実際の学習後機械で確かめる．全結合層のウェイト w_j と逆温

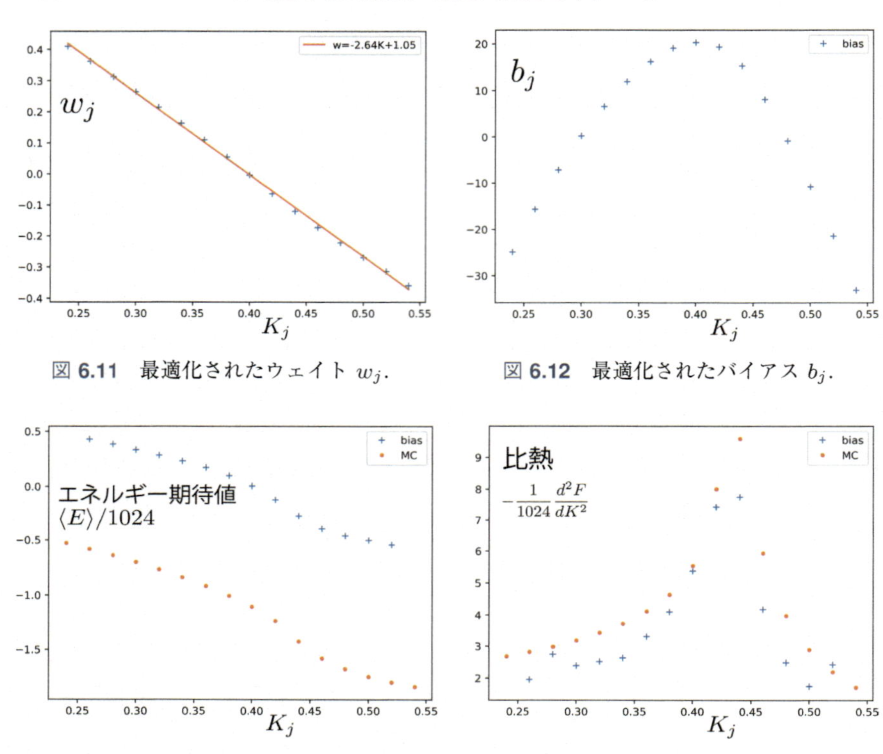

図 **6.11**　最適化されたウェイト w_j.

図 **6.12**　最適化されたバイアス b_j.

図 **6.13**　バイアス 1 階微分とエネルギー期待値.

図 **6.14**　バイアス 2 階微分と比熱.

度 K_j の関係を図 6.11 にプロットした．解 (6.14) の通りに 1 次関数関係がある．バイアス b_j は K_j の関数として，図 6.12 のような形状になっている．これの 1 階差分と 2 階差分を計算して，図 6.13 と図 6.14 に描く．

自由エネルギーの逆温度 K による 1 階微分はエネルギー期待値であるが，エネルギー原点の不定性 (c_1) がある．図 6.13 では，モンテカルロシミュレーション (MC) で求めた正確な値と比較するが，原点をシフトするとよく一致している．自由エネルギーの逆温度 K による 2 階微分では不定性は消え，比熱を与える．図 6.14 では，統計的なゆらぎは残っているが，正確な比熱 (MC) を定量的に再現し，しかも相転移の名残りである比熱のピーク構造を見ることができる．なお 2 次元イジング模型の相転移点は $K_c = 0.44$ である．

6.6 エピローグ：南京玉すだれ

機械が出力する事後確率 $q_j(E)$ を決める式 (6.3) の y_j は x の関数として直線であり，16 個の直線が並ぶ図 6.15 が描ける．エネルギーが決まると x が決まり，そこでの最大の y_j が推定温度ラベルを決める．この最適解の姿が見えてきたきっかけは図 6.16 の南京玉すだれだった．直線が交わっている点の x 座標を正しい値に固定しても，玉すだれは上下に動かすことができる．そのとき，正答率は理論的な上限値を維持したままだから，最適な機械を決めるパラメータ空間には正答率のフラット方向がたくさん（17 個）あることがわかる．ただし，事後確率の一致という「より強い条件」を課すと，このフラット方向は，式 (6.14), (6.15) にある四つの自由度にまで減少する．

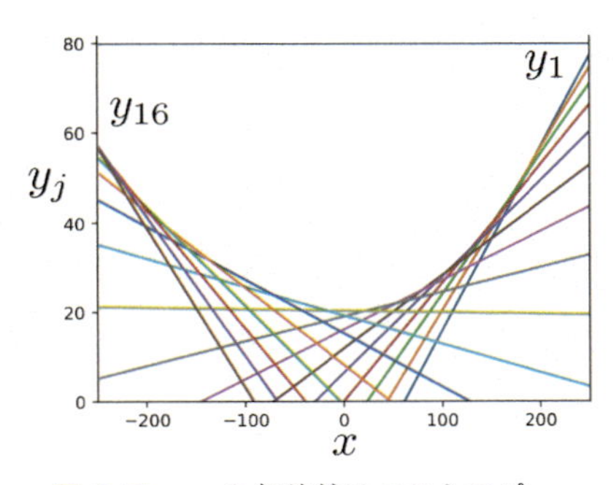

図 6.15　y_j の包絡線はエントロピー．

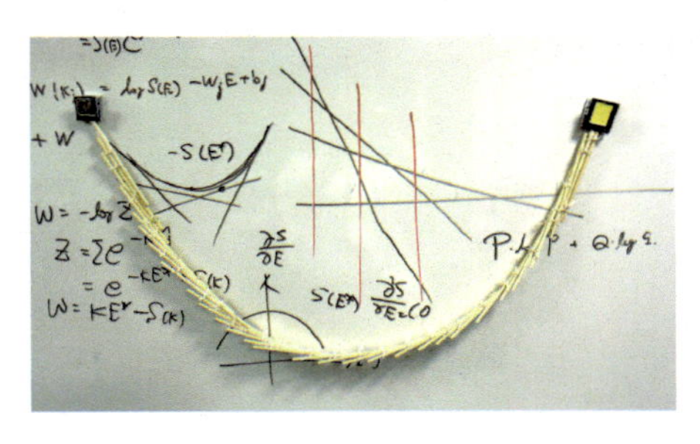

図 6.16　南京玉すだれ．

この南京玉すだれを見ていると，包絡線が美しすぎて気になる．ここまで機械が物理をわかってくれたのだから，これも何か物理量のはずだ．包絡線を y^* とすると，その上では E は当該温度のエネルギー期待値 E^* に置き換えられる．すると式 (6.11) から，E^* の 1 次関数の不定性は別にして，

$$y^* = -K_j E^* + F_j = -S. \tag{6.16}$$

つまり，この包絡線を上下ひっくり返したものは統計系のエントロピーをエネルギーの関数として描いたものである．この 2 階微分は，再び，不定性なしに比熱のピーク構造を与えることになる．なお図 6.16 を上下ひっくり返した技

は，南京玉すだれでは「虹」と呼ばれている．

あっ，さて，あっ，さて，あっ，さて，さて，さて，さて，さては南京玉すだれ，ちょいと伸ばせば，深層学習さんの，全結合層にちょいと似たり，ところがこれが，ずるずる動きます，フラット方向発見！，えいっとひっくり返せば，すばらしい虹がかかります，これぞ学生さんあこがれの凸関数，その名もエントロピー，おめにとまればおなぐさみ，おあとがよろしいようで．

配位から温度を推定する試験問題（図 **6.3**）の正解

1 行目の配位：	1	16	3	5	13	12	2	4
2 行目の配位：	16	4	6	14	11	5	9	3
3 行目の配位：	9	8	15	6	10	11	7	14
4 行目の配位：	7	8	10	1	12	13	15	2

謝辞

本研究が面白い結論に至ったのは，熊本真一郎，藤井康弘，小内伸之介，堀祐輔，飯嶋まりこ，神宮翼諸氏との創発的な議論・共同研究のおかげです．また，著者たちがこのテーマに取り組んだきっかけは安田宗樹氏の講義です．

作業環境

C++と TensorFlow を 100 コア程度のクラスター計算機上で利用した．

［青木健一・藤田達大・小林玉青］■

文　献

1) K-I. Aoki, T. Fujita, and T. Kobayashi, “Logical reasoning for revealing the critical temperature through deep learning of configuration ensemble of statistical systems” J. Phys. Soc. Jpn., **88**, 054002 (2019).

2) 青木健一, 藤田達大, 小林玉青, 「深層学習は統計系の温度推定から何を学ぶのか」人工知能, **33**, 420 (2018).

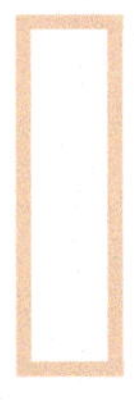

第 3 部
量子情報

第 7 章

量子アニーリングが拓く機械学習の新時代

量子アニーリング (quantum annealing) という最適化手法をご存知だろうか．量子力学に基づく動作原理を持ち，組合せ最適化問題を解く手法として，磁性体の研究分野から提案がなされた手法[1)]である．**イジング模型** (Ising model) と呼ばれる形式で定式化がなされた組合せ最適化問題を解くことができる．理論提案ののち，超伝導量子ビットを用いたハードウェア実装がなされたこともあり，近年注目を集めている手法だ．元々は組合せ最適化問題を解くために提案された手法であるが，ハードウェア実装を行ったことで，理論通りにいかないこと，実験結果によりわかってきたことから別の使い道が模索されて，**ボルツマン機械学習** (Boltzmann machine learning) への応用が提案されるようになった．本章では，量子アニーリングを用いることで実現する様々な機械学習への応用について紹介したい．

7.1　機械学習のブレークスルーの裏側

機械学習の歴史を紐解くと，手法の提案は比較的早期になされている．**深層学習**の端緒となる多層のニューラルネットワークや，ネオコグニトロンの提案は，深層学習の隆盛よりもはるか以前のことである．ある日突然のように深層学習が登場して，人類はその威力を手にしたわけではない．背景には計算機の飛躍的な性能向上が挙げられる．デジタルコンピュータが登場して，中央処理装置 (CPU) の性能が向上しているうちはよかった．しかしだんだんと頭打ちになりつつあり，その演算性能だけでは深層学習を実現するには程遠かった．そこで登場したのが画像処理装置 (GPU) である．元々はその名前の通り，ディスプレイなどに画像情報を映し出すための演算を行う装置であるが，そのプロセスに深層学習で必要は演算が多く含まれていることから，特殊用途における加速性能を活かして，深層学習の実現を容易にした．さらに省電力化やユーザーが扱いやすい格好に作り変えることのできる field-programmable gate array (FPGA) や，本当に深層学習に特化した Tensor Processing Unit (TPU) や日本からも MN-Core などが登場している．こうした「専用装置」が歓迎されている中で登場したのが，量子コンピュータという潮流である．量子力学に基づく動作原理により，重ね合わせの原理はもとより，非自明な相関を示すエンタングルメント，これらの性質を計算のリソースとしてふんだんに利用した類稀なる演算性能を獲得した計算基盤を求めようという動きである．ここでは量子コンピュータそのものの解説は参考文献に譲るが，執筆当時（2019 年初め）の様子を書き記す．各量子ビットにユニタリー変換を施すことで所望の動作を実行することのできる，IBM Q System One という量子コンピュータが商用販売を開始したというニュースが躍り出た．残念ながらコンピュータの安定的動作のために必須な誤り訂正機能については未実装の様子だが，いずれにせよ人類は新しい計算リソースを得たことになる．これは量子コンピュータで，CPU に相当するチップが搭載されているものであると位置づけられる．一方で限定的な用途に限って利用されるという意味では，専用装置に位置づけられる量子力学の計算リソースを利用したマシンも存在する．それが D-Wave Systems 社が開発した量子アニーリングマシンである．組合せ最適化問題を解く汎用的手法である量子アニーリングを実装している．しかし残念ながら量子アニーリング自体は，その理論は断熱定理に基づくもの[2] となっており，環境の影響を受けて動作する量子アニーリングマシンでは，その理論通りに動作することはないということが判明した[3]．これを失敗と見るか，それでもよいから前に進むかという分岐点が一つある．それでもよいから，と前に進むと面白いマシンであることがわかる．環境の影響を受けるということから，量子アニーリングマシンからの出力結果が特徴的な確率分布であるギブス・ボルツマン分布 (Gibbs–Boltzmann distribution) に従うのだ．この性質を利用すれば，ギブス・ボルツマン分布からのサンプリングが重要となるボルツマン機械学習を実行するのが容易となる．量子アニーリング「マシン」が持つ機能として，組合せ最適化問題を解くだけでなく，ギブス・ボルツマン分布からのサンプリングが追加されたというわけだ．さて，これを失敗と見るか．成功と見るか．

7.2 量子アニーリングの概要

簡単に量子アニーリングの概要を紹介しよう．解きたい組合せ最適化問題，またはサンプリングをしたい対象を定式化した以下のハミルトニアンを用意する．

$$\hat{H}_0 = -\sum_{i \neq j} J_{ij} \hat{\sigma}_i^z \hat{\sigma}_j^z - \sum_{i=1}^{N} h_i \hat{\sigma}_i^z \tag{7.1}$$

ここで J_{ij} は相互作用係数，h_i は局所磁場，$\hat{\sigma}_i^z$ はパウリ行列の z 成分である．これは**イジング模型**（正確にはスピングラスのエドワーズ・アンダーソン模型）と呼ばれる磁性体の数理模型のハミルトニアンである．それをターゲットハミルトニアンと呼ぶことがある．次に量子揺らぎを与えるドライバーハミルトニアンを用意する．

$$\hat{H}_1 = -\Gamma \sum_{i=1}^{N} \hat{\sigma}_i^x \tag{7.2}$$

ここで $\hat{\sigma}_i^x$ はパウリ行列の x 成分である．z 方向に対して x 方向の磁場をかけていることから，このドライバーハミルトニアンを**横磁場**と呼ぶ．量子アニーリングでは，これら 2 つのハミルトニアンに時間的に変動する係数をかけて組み合わせた以下のハミルトニアンからなる系を用意する．

$$\hat{H}(t) = f(t)\hat{H}_0 + (1 - f(t))\,\hat{H}_1 \tag{7.3}$$

ここで $f(t)$ は，量子揺らぎの程度を調整する時刻 t の関数であり，0 から 1 までの間で変動する．量子アニーリングの標準的な設定では，$f(0) = 0$ から出発して $f(T) = 1$ とする．ここで T はアニーリング時間と呼ばれ，量子アニーリングを実行するのにかかる計算時間という意味を持つ．初期条件をパウリ行列の x 成分の直積状態からなる量子状態として，そこから断熱条件に従ってゆっくりと時間発展（$T \gg 1$）させると，時刻 T ではターゲットハミルトニアンの基底状態が得られる．その基底状態はターゲットハミルトニアンがパウリ行列の z 成分からなるため，その固有状態 $\hat{\sigma}_i^z|\sigma_i\rangle = \sigma_i|\sigma_i\rangle$ の直積となる．その固有状態から，$\sigma_i = \pm 1$ のスピン配位が得られる．これが量子アニーリングの概要である．

終時刻でターゲットハミルトニアンの基底状態が得られるためには断熱条件

を満たす必要がある．各時刻の基底状態と励起状態の**エネルギーギャップ** $\Delta(t)$ により，その条件が決まり，必要な時間は，

$$T \sim \frac{1}{\epsilon \min_t \Delta(t)^2} \tag{7.4}$$

と見積もられる[4)]．量子揺らぎを伴う系は，その強弱により無秩序相から秩序相への**相転移** (phase transition) が生じることがある．その相転移は，系のサイズが大きくなるにつれて，エネルギーギャップが小さくなることから急激な状態遷移を伴うことで生じる．量子アニーリングによって，基底状態を得ることができるかどうかは，相転移の有無，そしてその種類によって検討することができる．相転移の種類は，エネルギーギャップと系のサイズの関係によって決まる．エネルギーギャップが系のサイズ N に対して指数関数的に潰れていく場合を**1 次転移**と呼び，べき関数的に潰れていく場合をを**2 次転移**と呼ぶ．1 次転移を伴う場合は，量子アニーリングで基底状態を得るために必要な時間が式 (7.4) に従うと指数関数的に増大することとなり，ターゲットハミルトニアンが示す組合せ最適化問題は，量子アニーリングで効率的に解くのは難しいということになる．一方で 2 次転移を伴う場合には，必要な時間はべき的に増大するにとどまり，効率的に解くことができることがわかる．その意味で量子アニーリングは，量子力学と統計力学，そして最適化という分野の接点となる非常に魅力的な対象となる．

しかし上記のことは，理論上のことであり孤立系のシュレディンガー方程式に従うような系を作り上げた場合に成立することである．冒頭で述べた，D-Wave Systems 社が開発した量子アニーリングマシンでは何が起こるだろうか．上記の時間依存するハミルトニアンを有効的に持つ複数の超伝導量子ビットからなる系を実現している．量子揺らぎをコントロールすることで，量子アニーリングを実行する．これを利用して組合せ最適化問題を解くという売り文句で商用販売がなされている．しかし実態は，量子アニーリング（をしようとしてしくじっている）マシンである．環境による効果を完全には排除できないため，断熱条件を満たすことはなく，必ずしも量子アニーリングの理論通りに基底状態を出力するわけではない．この性質を逆手にとるというアイデアがある．逆に環境の効果を取り入れてしまおうという考えだ．現在利用されている量子アニーリングマシンは，$f(t)$ がある程度自由に変更をさせることができる．非常にゆっ

くりとアニーリングを実行する．その際に環境との相互作用により熱平衡状態へと緩和していく．そうすることで低温でしかも横磁場を有限の値の強さで持つギブス・ボルツマン分布に従った状態を生成することができる．ここで急激に横磁場の値を弱める（**クエンチ**, quench）ことで，量子アニーリングのプロセスを終了させる．原稿執筆当時の量子アニーリングマシンでは，プロセスの途中で結果を読み出すことができないため，クエンチにより近似的に横磁場が残った状態におけるスピン配位を取り出すというわけだ．この技術を利用して，量子アニーリングマシンを利用した 3 次元のスピングラス模型における相図を相互作用のランダムさを変えながら，そして横磁場を上記の性質をうまく利用して調べた研究成果などが報告されている[5,7]．また以下に述べるようなボルツマン機械学習や，量子ボルツマン機械学習への応用が期待されている[7]．

7.3 ボルツマン機械学習

上記の量子アニーリング「マシン」の性質を利用すると，ギブス・ボルツマン分布に従ったスピン配位をサンプリングすることができる．この顕著な性質を利用することでボルツマン機械学習を効率的に実行することができる．ボルツマン機械学習は，データ $\boldsymbol{x}$ が従う経験分布 $q(\boldsymbol{x})$ に，イジング模型のギブス・ボルツマン分布 $p(\boldsymbol{x})$ をできるだけ近づけることを目標とする．どれだけ近づいているのか，を示す「距離」として**カルバック・ライブラー情報量**（Kullback–Leibler divergence, 以下 KL 情報量）を用いる．

$$\mathrm{KL}(q||p) = \sum_{\boldsymbol{x}} q(\boldsymbol{x}) \log\left(\frac{q(\boldsymbol{x})}{p(\boldsymbol{x})}\right). \tag{7.5}$$

ここで

$$p(\boldsymbol{x}) = \frac{1}{Z(J,\boldsymbol{h})} \exp\left(-\beta E(\boldsymbol{x})\right) \tag{7.6}$$

とする．ここでイジング模型のハミルトニアンから決まるエネルギー

$$E(\boldsymbol{x}) = -\sum_{i\neq j} J_{ij} x_i x_j - \sum_{i=1}^{N} h_i x_i \tag{7.7}$$

と分配関数 $Z(J,\boldsymbol{h}) = \sum_{\boldsymbol{x}} \exp\left(-\beta E(\boldsymbol{x})\right)$ を用いる．この KL 情報量を $p(\boldsymbol{x})$ に含まれるパラメータ，J_{ij} や h_i を変化させることで最小化するというのがボ

ルツマン機械学習の目標だ．

いくつかのデータ列 $(\boldsymbol{x}_{\mu=1}, \boldsymbol{x}_{\mu=2}, ..., \boldsymbol{x}_{\mu=M})$ が生成されたとき，その経験分布は，

$$q(\boldsymbol{x}) = \frac{1}{M}\sum_{\mu=1}^{M}\delta\left(\boldsymbol{x}-\boldsymbol{x}_{\mu}\right) \tag{7.8}$$

として表される．以下異なるデータに関する添え字はギリシャ文字で統一している．このことから KL 情報量の最小化問題から等価な問題として，以下の対数尤度関数 (log-likelihood function) の最大化問題を得る．

$$\max_{J,\boldsymbol{h}}\left\{L(J,\boldsymbol{h})\right\}. \tag{7.9}$$

ここで

$$L(J,\boldsymbol{h}) = -\frac{1}{M}\sum_{\mu=1}^{M}E(\boldsymbol{x}_{\mu}) + \log Z(J,\boldsymbol{h}) \tag{7.10}$$

である．ボルツマン機械学習における対数尤度関数は，パラメータに対して凹関数であるから勾配降下法に基づく最適化が可能である．勾配降下法はパラメータに関する微分の結果を用いて以下のように各パラメータを更新する方法である．

$$J'_{ij} = J_{ij} + \eta_{ij}\frac{\partial}{\partial J_{ij}}L(J,\boldsymbol{h}), \tag{7.11}$$

$$h'_{i} = h_{i} + \eta_{i}\frac{\partial}{\partial J_{ij}}L(J,\boldsymbol{h}). \tag{7.12}$$

ここで η_{ij} および η_i は学習係数である．他の章で紹介されているように勾配降下法にはいくつかの方法があるが，ボルツマン機械学習におけるパラメータの学習においても同様に活用することができる．

勾配降下法の具体的な実行に向けて，パラメータに関する微分を実行する．

$$\frac{\partial}{\partial J_{ij}}L(J,\boldsymbol{h}) = \frac{1}{M}\sum_{\mu=1}^{D}x_{\mu i}x_{\mu j} - \langle x_i x_j\rangle, \tag{7.13}$$

$$\frac{\partial}{\partial h_{i}}L(J,\boldsymbol{h}) = \frac{1}{M}\sum_{\mu=1}^{D}x_{\mu i} - \langle x_i\rangle. \tag{7.14}$$

ここで $\langle\cdot\rangle$ は熱期待値と呼ばれる量であり，物理量 $A(\boldsymbol{x})$ に対して，次のように定義される．

$$\langle A(\boldsymbol{x})\rangle = \sum_{\boldsymbol{x}}A(\boldsymbol{x})p(\boldsymbol{x}). \tag{7.15}$$

この熱期待値を計算するには，すべてのスピン配位に関する和を計算する必要がある．これは容易に計算を実行することができない．これがボルツマン機械学習の困難な点である．

そこでギブス・ボルツマン分布に従うスピン配位をたくさん生成する，サンプリングを行うことで，以下の経験平均で期待値の計算を代用する．

$$\langle A(\boldsymbol{x})\rangle \approx \frac{1}{M}\sum_{k=1}^{M} A(\boldsymbol{x}^{[k]}). \tag{7.16}$$

ここで $\boldsymbol{x}^{[k]}$ はサンプリングにより生成されたデータ列であり，学習のために用意されたデータ列と区別した．ボルツマン機械学習では，このサンプリングに**マルコフ連鎖モンテカルロ法**（MCMC 法）を用いてきた．比較的単純なアルゴリズムによる数値計算上でのシミュレーションによりギブス・ボルツマン分布に従うデータ列を生成することができる．しかしながらその準備のためには，適当に用意した初期分布からギブス・ボルツマン分布へと緩和させるための時間（バーンインタイム）がある程度必要である．さらに無相関なデータ列でないと正しく期待値を評価することができないため，サンプリングを行う際にも，1 つ 1 つの実現値を取り出す際に，ある程度の時間間隔をあける必要がある．そうした手続き上の理由で，サンプリング時間を必要とするため効率的にボルツマン機械学習を行うことは難しかった．そこで量子アニーリングマシンの出番となる．量子アニーリングマシンでは，環境の効果によりギブス・ボルツマン分布に近い確率分布に従ったデータ列を生成することが高速に実行することができる．1 度のアニーリングタイム T が，例えば D-Wave Systems 社が展開している量子アニーリングマシンについては，数十 μs 程度である．さらに D-Wave Systems 社の提供するソフトウェア上では，量子アニーリングマシンの出力結果から数回に及ぶマルコフ連鎖モンテカルロ法を援用することで，ギブス・ボルツマン分布に従ったスピン配位を生成する “sampling” というオプションを利用することができる．そのため何度も量子アニーリングマシンからスピン配位を生成すると，独立なデータ列を高速に得ることができる．この性質をもって，量子アニーリング「マシン」の用途が，組合せ最適化問題のみではなく，機械学習にもあることが見出される．

7.4 量子アニーリングマシンの使い方

さてここまで理論の話に終始してきたが，実際に量子アニーリングマシンを使うにはどうしたらよいのだろうか．D-Wave Systems 社が提供するクラウドサービスを利用するとよい．このクラウドサービスによって，どこからでも量子アニーリングマシンに，解いてほしい組合せ最適化問題を入力して，その解を出力させることができる．そのクラウドサービスは残念ながら基本的には有料のサービスとなっているが，無料でいくらかのお試し計算をすることができる．

読者の利用している OS や環境ごとに異なるが，Python による開発環境が揃っているとして，話を進める．まず D-Wave Systems 社の提供する Ocean SDK を計算環境にインストールする．

●Ocean SDK の導入

```
pip install dwave-ocean-sdk
```

続いて初期設定を行う．

●初期設定

```
dwave config create
```

いくつか質問がされるが，Enter キーを押してデフォルトの設定のままで基本はよい．以下のように答えていく．D-Wave API Token を発行したユーザーは，Authentication token のところで記入する．量子アニーリングマシンを利用する場合には Default client class で qpu を選択しておく．

初期設定が済んだら，あとは Python で D-Wave マシンを利用したコードを記述すればよい．組合せ最適化問題を解くにせよ，ボルツマン機械学習を行うにせよ，基本的にはイジング模型の形をしたターゲットハミルトニアンを用意するところから始まる．まずは必要最低限のライブラリとモジュール群の呼び出しから始める．

●モジュールのインポート

```
import random
from dwave.system.samplers import DWaveSampler
from dwave.system.composites import FixedEmbeddingComposite
from minorminer import find_embedding
```

ここで呼び出した random は，Python 上で乱数生成を行う際に必要なモジュールである．次に dwave.system.samplers から呼び出した DWaveSampler が，量子アニーリングマシンからスピン配位を出力するモジュールである．そして minorminer から呼び出した find_embedding は，指定したイジング模型を D-Wave 2000Q のハードウェア上に乗せるためのモジュールであり，埋め込みという操作をする際に利用する．最後に dwave.system.composites から呼び出した FixedEmbeddingComposite は，その埋め込みの結果を量子アニーリングマシンに伝える役目を持つ．

イジング模型そのままを乗せることも可能であるが，$\sigma_i = \pm 1$ や $x_i = \pm 1$ の代わりに，$q_i = 0, 1$ の 2 値を使う方が便利である．その場合，イジング模型のハミルトニアンは，

$$E(\boldsymbol{q}) = \boldsymbol{q}^{\mathrm{T}} Q \boldsymbol{q} \tag{7.17}$$

という 2 次形式で記述される．ここで現れる Q という行列を QUBO 行列と呼ぶ．QUBO とは quadratic unconstrained binary optimization（2 次の制約なし 2 値の最適化問題）という意味である．Q の対角項は q_i に対する 1 次項の係数を表し，非対角項は 2 次項 $q_i q_j$ の係数を表す．

この QUBO 行列を作り上げたあと，量子アニーリングマシンに投入するという部分に D-Wave Ocean SDK を利用したプログラミングが必要となる．以下にボルツマン機械学習で必要なサンプリングの例を示す．

● **QUBO** 行列の設定

```
Q = {}
S = {}
```

```
N = 10
for i in range(N):
  for j in range(N):
    if i <= j:
      Q[(i,j)] = random.gauss(0.0,1.0)
      S[(i,j)] = 1
```

この例では $Q[(i,j)]$ すなわち QUBO 行列の (i,j) 成分に正規分布に従う乱数を代入している．ここで自分の解きたい最適化問題から計算された数値を入れてもよいし，ボルツマン機械学習で更新された後の数値を入れてもよい．また $S[(i,j)]$ はスピン間の結合の有無を示しており，これを参考に量子アニーリングマシンへの埋め込みをする．

さてお待ちかねの量子アニーリングマシンの呼び出しだ．次のコードを打つだけで量子アニーリングマシンを呼び出すことができる．

●量子アニーリングマシンの呼び出し

```
sampler = DWaveSampler()
```

呼び出された量子アニーリングマシンの状態に応じて，イジング模型の埋め込みを行う．

● D-Wave マシンへの埋め込み

```
A = sampler.edgelist
embedding = find_embedding(S, A, verbose=1)
```

最初の edgelist は，量子アニーリングマシンに存在するスピン間の結合のリストである．実際に存在するマシンであるから欠損や故障はつきものである．その情報を取り出している．その情報 A と埋め込みをしたいイジング模型に必要な結合の情報 S を参考にして埋め込みを行うのが find_embedding である．verbose オプション (verbose=1) で埋め込みがうまくいったかどうか，その履歴を見ることができる．スピンの数が多くなると埋め込みがうまくいかないことがある．理論上 $N = 64$ までは任意のグラフの埋め込みが可能である．結合がスパースであればあるほど埋め込みがしやすい．自動的に埋め込みをしてもらうのではなく，自分で埋め込みをすることも可能であり，イジング模型の横磁場に対する振る舞いを実験的に調べたりする場合には事前に埋め込みを検討して，何度も実験を行うことができるようにする．ただし埋め込みをする場合には，注意が必要だ．量子アニーリングマシンは，キメラグラフという特殊な形状をしたグラフ上に並んだ量子ビットを利用して動作する．図 7.1 にそのキメラグラフを表示するためのコードとともに示す．丸部分が量子ビットであり，それらが回路の形に従い結合を持つ．ただし埋め込みをする際には，どうしても回路上で他の量子ビットとの結合数が足りずに，量子ビットの間接的「コピー」を用意する必要がある．例えば 1 番の量子ビットは 4,5,6,7 番の量子ビットと結合を持つが，0 番とは持たない．そのため，0 番と結合をするためには 4 番に 1 番と同じ向きをとる強磁性相互作用を非常に強くした鎖（チェーン）を用意

```
import dwave_networkx as dnx
from matplotlib import pyplot as plt
G = dnx.chimera_graph(2, 2, 4)
plt.figure(figsize=(6, 6))
dnx.draw_chimera(G, node_size=400, width=2, with_labels = True)
```

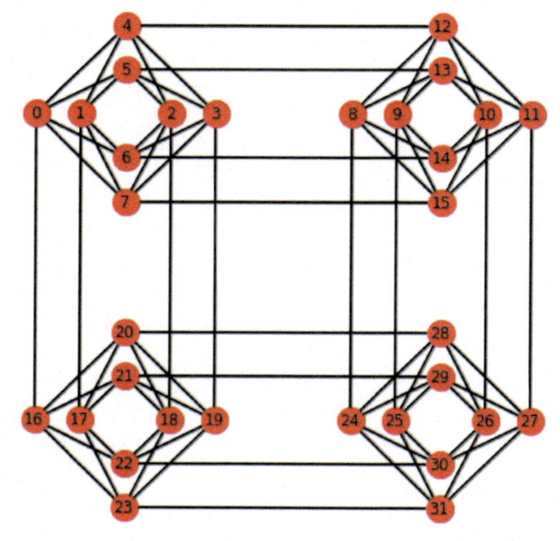

図 7.1 キメラグラフを表示するコードとキメラグラフ．

する必要がある．つまり複数の物理的な量子ビットに対して，一つの論理的な量子ビットをあてがうという形式をとる．理論的には強磁性相互作用を無限の強さで与えれば，間接的にコピーを導入することができる．しかしながら現実のハードウェアでは，強さに制限がかかるために，鎖の中で反転してしまう量子ビットが存在する．こうしたハードウェア設計上の制約のもと，なんとかして QUBO 行列で指定された所望の問題を埋め込む．

これらの準備を終えたら，あとは結果の出力をさせるだけだ．

● D-Wave マシンによるサンプリング

```
sampler = FixedEmbeddingComposite(DWaveSampler(),embedding)
result = sampler.sample_qubo(Q, num_reads=1000)
```

まず sampler の設定で埋め込み結果を量子アニーリングマシンに伝える．次に sampler.sample_qubo で QUBO 行列で指定されたイジング模型におけるスピン配位をサンプリングしている．num_reads というオプションにより何個のスピン配位を獲得するかを指定することができる．大体 1ms 程度の時間でサンプリングを終えることができる．得られた結果を表示すると，$q_i = 0, 1$ からなるスピン配位が得られる（図 7.2）．これは量子アニーリングマシンから

```
print(result.record)
[([1, 1, 1, 1, 1, 0, 1, 1, 0, 1], -14.16318839, 844, 0. )
 ([1, 1, 1, 1, 1, 0, 1, 1, 1, 1], -13.48886303, 133, 0. )
 ([1, 0, 1, 1, 1, 0, 1, 1, 0, 1], -12.69659244,  10, 0. )
 ([1, 0, 1, 1, 1, 0, 1, 1, 0, 1], -12.69659244,   1, 0.1)
 ([1, 0, 1, 0, 1, 0, 1, 1, 0, 1], -12.39513878,   3, 0. )
 ([1, 1, 1, 1, 1, 0, 0, 1, 1, 1], -11.88457594,   1, 0.1)
 ([1, 1, 1, 1, 1, 0, 1, 1, 0, 1], -14.16318839,   1, 0.1)
 ([1, 1, 1, 1, 1, 0, 1, 0, 1, 1], -10.44841262,   1, 0.1)
 ([1, 0, 0, 1, 1, 0, 1, 1, 0, 1], -11.52941891,   1, 0.2)
 ([1, 1, 1, 1, 1, 0, 1, 1, 1, 1], -13.48886303,   2, 0.1)
 ([1, 1, 1, 1, 1, 0, 1, 0, 0, 1],  -9.87640028,   2, 0.1)
 ([1, 0, 1, 0, 1, 1, 1, 1, 0, 1],  -9.3676774 ,   1, 0.1)]
```

図 7.2　量子アニーリングマシンからの出力結果．左からスピン配位，エネルギーの値，実現した回数，チェーン破損率である．埋め込みのためにに用意した間接的なコピーがうまく機能しているかどうかを比率で示すのがチェーン破損率である．

```
print(result.record)
```

```
[([1, 1, 1, 1, 1, 0, 1, 1, 0, 1], -14.16318839, 754, 0.)
 ([1, 1, 1, 1, 1, 0, 1, 1, 1, 1], -13.48886303, 246, 0.)]
```

図 **7.3**　量子アニーリングマシンから，最適化オプションをつけた場合の出力結果．

の，いわば生の出力結果である．sample_qubo にはオプションとして，postprocess=‘sampling’ や postprocess=‘optimization’ とつけることができる．まずは ‘optimization’ を選んで見るとさらに低いエネルギーの実現確率が上がる（図 7.3）．さらに ‘sampling’ を選ぶと，広い範囲でエネルギーの実現値が分布して広がり，ギブス・ボルツマン分布に近いものが得られる．このように非常に使いやすい形で量子アニーリングマシンは利用することができる．最近では，量子アニーリングマシンなしでもユーザー自身の環境で量子アニーリングのシミュレーションを行い，同じような操作感で実行する OpenJij というオープンソースの環境があり，興味を持った読者はこちらの利用を試してほしい [*1]．

7.5　他の機械学習の手法と量子アニーリング

量子アニーリングマシンの思わぬ性質からボルツマン機械学習への活用が期待されているが，本来の組合せ最適化問題への適用を通じて，機械学習への応用も提案されている．機械学習における教師なし学習の最も典型的な例として挙げられるのがクラスタリングであろう．クラスタリングは，N 次元のベクトルからなるデータ点が M 個与えれたときに，それを類似する K 個のグループに分けろ，という問題設定からなる．その問題設定にあわせて以下のコスト関数の最適化問題を考えてみよう．

$$E(A,Q) = \frac{1}{2}\sum_{\mu=1}^{M}\sum_{i=1}^{N}\left(V_{\mu i} - \boldsymbol{q}_{\mu}^{\mathrm{T}}\boldsymbol{a}_i\right)^2. \tag{7.18}$$

ここで $V_{\mu i}$ は，μ 番目のデータ点の座標の i 成分であり，そのデータ点 μ がどのグループに属するかを示す K 個の成分からなるベクトルが $\boldsymbol{q}_{\mu}$ である．各グループごとに座標 i はどのような特徴を持つのかを示す K 個の成分からなるベクトルが $\boldsymbol{a}_i$ である．一般的に上記の形の最適化問題を解いた結果，$M \times N$ の

*1)　https://github.com/OpenJij/OpenJij

行列 V から $K \times N$ の行列 A と $M \times K$ の行列 Q を得ることを行列分解と呼ぶ．ここで $\boldsymbol{q}_\mu$ は，その成分の中で 1 つだけ 1 となり，残りの $K-1$ 個の成分は 0 であるという制約条件を持つと，クラスタリングの問題設定と一致する．このコスト関数は，最適解を求めるのがやや難しく，固定された行列 A に対してエネルギーが最も下がる解を採用する貪欲法に基づく解法や近似的な解法が提案されている．上記のコスト関数の最適化は，交互に A と Q に関する最適化を実行して行われる．まず A についてはコスト関数の微分が 0 となるところを探せばよい．

$$a_{ki} = \frac{\sum_{\mu=1}^{M} q_{\mu k} \sum_{k'=1}^{K} q_{\mu k'} a_{k'i}}{\sum_{\mu=1}^{M} q_{\mu k} V_{\mu i}} \tag{7.19}$$

次に $q_{\mu k}$ の最適化を考えると，コスト関数の展開を通して，μ 毎に

$$e_\mu(Q) = \frac{1}{2} \sum_{k,k'} q_{\mu k} Q_{\mu;kk'} q_{\mu k'} - \sum_{k=1}^{N} h_{\mu;k} q_{\mu k} \tag{7.20}$$

というコスト関数を最小化する $q_{\mu k}$ を求めればよいことがわかる．ここで $Q_{\mu;kk'} = \sum_{i=1}^{N} a_{ki} a_{k'i}$ および $h_{\mu;k} = \sum_{i=1}^{N} V_{\mu i} a_{ik}$ である．ここで $q_{\mu k}$ の性質を考えると，$q_{\mu k} q_{\mu k'} = \delta_{kk'}$ であるから，

$$k' = \arg\min_{k} \left\{ \frac{1}{2} Q_{\mu;kk} + h_{\mu;k} \right\} \tag{7.21}$$

を探せばよいということになる．しかしこの方法では $Q_{\mu;kk'}$ の非対角項の影響をうまく取り入れることができていない．

そこで $q_{\mu k}$ の性質を緩和して，$q_{\mu k} = 0, 1$ の 2 値変数にする．代わりに以下のような罰金項を持ったコスト関数を考える．

$$\tilde{e}_\mu(Q) = \frac{1}{2} \sum_{k,k'} q_{\mu k} Q_{\mu;kk'} q_{\mu k'} - \sum_{k=1}^{N} h_{\mu;k} q_{\mu k} + \frac{\lambda}{2} \left(\sum_{k=1}^{K} q_{\mu k} - 1 \right)^2 \tag{7.22}$$

この形はイジング模型であるから，量子アニーリングマシンが利用できる場面となる．このようにして得られる暫定解を用いることで $Q_{\mu;kk'}$ の非対角成分を考慮に入れることができる．同様のアプローチで，さらに $\boldsymbol{a}_i$ に対して非負値性を課した行列分解（**非負値行列分解**）の問題を解くのに量子アニーリングマシンが利用された例が報告されている[8]．

教師あり学習の場合についても，与えられたデータセット $(\boldsymbol{x}_\mu, t_\mu)$ に対して，

いくつかの弱識別器 $\phi(\boldsymbol{x}_\mu)$ が用意されている状況において，それらのアンサンブルによって $\boldsymbol{x}_\mu$ を正しく識別する識別器を作る際に量子アニーリングマシンが用いられる手法として Q-boost が利用されている[9]．ここで弱識別器とは，$\phi(\boldsymbol{x}_\mu)$ の出力が t_μ を正しく再現する率が，ランダムな場合に比べて若干高いものを指す．つまり適当ではないが，そこそこの性能を持つ識別器という位置付けだ．その弱識別器をいくつか組み合わせて，強い識別器を作ることが目的だ．その際のコスト関数も，上記の行列分解と同様にイジング模型に帰着するように 2 次関数の形で書かれる．

$$E(\boldsymbol{q}) = \frac{1}{2}\sum_{\mu=1}^{M}\left(t_\mu - \sum_{k=1}^{N} q_k \phi_k(\boldsymbol{x}_\mu)\right)^2 + \lambda \sum_{k=1}^{N} q_k \tag{7.23}$$

これにより重要な寄与をした弱識別器を取り出すということができる．クラスタリングも非負値行列分解も，Q-boost による弱識別器の取り出しも，どれも重要な寄与をするいくつかの変数を取り出すスパースモデリングへの適用での例であり，量子アニーリングマシン特有の出力である 2 値性を利用した活用法が提案されている．

機械学習の進展がハードウェア，専用計算の進化にあったことを踏まえると，時代のニーズに応えて計算量の大きいタスクを高速に行うことのできるマシンが，特殊用途であったとしても出現するということの意義は非常に大きい．今後の機械学習の進展に，量子力学を利用した，この特殊用途のマシンが貢献してくれることを願ってやまない．

作業環境

以前は Python2 系に対応した SAPI で D-Wave マシンは操作してきた．今回紹介した D-Wave Ocean SDK では Python3 系に対応した．クラウド接続により利用するため，ローカルマシンの性能はそこまで重要とはならない．ただし繰り返し組合せ最適化問題を D-Wave マシンに解いてもらい，その結果を受けて数値の更新を頻繁に行う場合や，大規模な行列の演算を必要とする場合には，それなりのスペックのマシンを利用するとよい．ちなみに D-Wave マシンを利用する際には，1 時間単位で利用料金が発生する．非常に高価なものという印象があるかもしれない．組合せ最適化問題を解くような一度きりの計算を行う場合には，実際に計算にかかる部分は 1 秒にも満たないので 1 時間分を使い切ることはないだろう．ボルツマン機械学習のように何度もサンプリングを行うような場合には，すぐに数時間程度のマシンタイムを使い切る．日本では株式会社シグマアイ（https://sigmailab.com/）によるマシンタイム提供もあり，使いやすい環境が揃いつつある．世界でも稀な量子アニーリングマシンを利用した研究体験．挑戦者を待つ．

［大関真之］

文　献

1) T. Kadowaki and H. Nishimori, “Quantum annealing in the transverse Ising model” Phys. Rev. E, **58**, 5355–5363 (1998).
2) S. Morita and H. Nishimori, “Mathematical foundation of quantum annealing” J. Math. Phys., **49**, 125210 (2008).
3) M. Amin, “Searching for quantum speedup in quasistatic quantum annealers” Phys. Rev. A, **92**, 052323 (2015).
4) S. Suzuki and M. Okada, “Residual energies after slow quantum annealing” J. Phys. Soc. Jpn., **74** (6), 1649–1652 (2005).
5) R. Harris et al., “Phase transitions in a programmable quantum spin glass simulator” Science, **361**, 162–165(2018).
6) A. D. King et al., “Observation of topological phenomena in a programmable lattice of 1,800 qubits” Nature, **560**, 456–460 (2018)
7) M. H. Amin, E. Andriyash, J. Rolfe, B. Kulchytskyy, and R. Melko, “Quantum Boltzmann machine” Phys. Rev. X, **8**, 021050 (2018)
8) D. O’Malley, V. V. Vesselinov, B. S. Alexandrov, and L. B. Alexandrov, “Nonnegative/binary matrix factorization with a d-wave quantum annealer” PLOS ONE, **13** (12), 1–12 (2018).
9) H. Neven, V. S. Denchev, G. Rose, and W. G. Macready, “Qboost: Large scale classifier training withadiabatic quantum optimization” In *Proceedings of the Asian Conference on Machine Learning*, Proceedings of Machine Learning Research, **25**, pp.333–348, Singapore Management University, Singapore, PMLR (2012).

第 8 章

量子計測と量子的な機械学習

8.1 量　子　計　測

ニューラルネットワークに代表される機械学習の主な目標は，ブラックボックスの入力と出力の関係を推定することである．そのためには，ブラックボックスの入力をいくつか試して，どのような出力が得られるのかを観察しなくてはならない．

これはちょうど，量子力学において未知の物理学的パラメータを測定するときに似ている．量子的な力学系は何らかの初期状態 $|\psi\rangle$ を入力することで，系と相互作用した後の終状態 $|\psi'\rangle$ を出力するブラックボックスとみなすことができるからだ．系の力学にかかわるパラメータを測定するためには，はじめに初期状態 $|\psi\rangle$ をいくつか用意して，時間発展により得られた状態 $|\psi'\rangle$ を測定すればよい．このように，系のパラメータの測定を媒介する量子状態をプローブという．通常，パラメータを精度よく推定するためには，複数のプローブを用意して繰り返し測定する必要がある．このような測定の方法は一つではないが，より少ない回数の測定で高精度な測定ができる方法が望ましい．

量子計測 (quantum metrology) とは，このような量子的手法を用いたパラメータの測定方法を指す用語である．量子計測の最大の強みは，プローブの持つ量子的な性質を用いることで，古典的な計測手法を超える測定精度を達成できることである[1)]．例として，最も基本的な物理パラメータの一つである時間の計測においては，量子計測の手法を用いて 10^{-19} 程度という非常に高い精度を実現している[2)]．また，2016 年に初めて成功した重力波の検出には，時空間の瞬間的な歪みを光の干渉を用いて検出する装置が使われている．そのため，量子的な性質を持つスクイーズド光を利用した量子計測による高精度化も期待されている[3)].

量子力学によって力学系というブラックボックスの推定が高速化するならば,「量子力学を用いた機械学習の高速化が考えられるのではないか？」という疑問が提起される．実は，**量子計算** (quantum computing) を用いた機械学習の高速化はいくつか手法が提案されており，その高速化の背景には，量子計測の高精度化と非常によく似た機構が存在しているのである.

この節では量子計測の基本的な事項を説明し，未知の力学系の推定精度が古典と量子でどのように異なるのかを見る.

8.1.1 標準量子限界とハイゼンベルク限界

古典的であれ量子的であれ，どのようなパラメータの測定においても誤差は避けられないものである．誤差には測定結果が真の値から一定の方向にずれてしまう系統誤差と，一定の方向を持たない確率的なずれである統計誤差の二つが存在する．このうち系統誤差を小さくするためには実験系のセットアップなどを見直す必要があるが，統計誤差は多数の測定結果を平均することで軽減できる．統計学の基本的な定理によると，ある一定の誤差 ϵ で変数を推定するために必要な測定の回数 N は ϵ^{-2} に比例する.

古典的なプローブを用いた場合は，量子計測においても同様の結果が成立する．波動関数に含まれる ϵ 程度の差異を測定によって読み取るために必要なプローブの個数を N とすると，古典的なパラメータ測定の場合と同様な比例関係 $N \propto \epsilon^{-2}$ が成立する．この比例関係は**標準量子限界** (standard quantum limit) と呼ばれており，レーザー光などのコヒーレント光状態を用いた測定や，電子回路における光子のポアソン分布に起因するショット雑音も同様の比例関係に従う.

一方，量子的なプローブをお互いに干渉させることで，図 8.1 のように波動関数の微小な差異を増幅させることができる．1 回の試行で干渉させるプローブの数を n 個とすると，ϵ 程度の波動関数の差異は $n\epsilon$ 程度に増幅される．この差異を読み取るために必要な試行回数 k は古典的な比例関係 $k \propto 1/(n\epsilon)^2$ に従うため，測定に必要なプローブの総数 $N = nk$ の比例関係は $N \propto 1/(n\epsilon^2)$ と書き表すことができる.

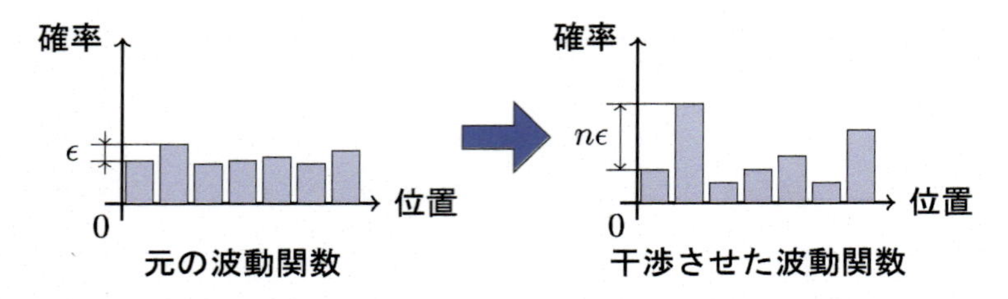

図 8.1　量子計測における波動関数の干渉のイメージ．左図のように振幅の差が ϵ 程度しかない波動関数を測定するためには，$N \propto 1/\epsilon^2$ 程度の標本を用意する必要がある．一方，右図のように n 個の波動関数を干渉させることで，波動関数の測定に必要なプローブの個数は $N \propto 1/(n\epsilon^2)$ となり，干渉を用いない場合より少なくなる．

したがって，1 回に干渉させるプローブの数 n が大きければ大きいほど，必要なプローブの個数 N は少なく済むようになる．干渉の効果は n が ϵ^{-1} に比例するときに最大となり，この場合に試行回数 k は差異の大きさ ϵ によらなくなる．このときの比例関係 $N \propto \epsilon^{-1}$ を**ハイゼンベルク限界** (Heisenberg limit) という．ハイゼンベルク限界は古典的なプローブを用いるだけでは到達できない推定精度であり，量子計測における量子的なプローブの重要性を示している．

8.1.2 位 相 推 定

量子位相推定 (quantum phase estimation) は量子測定における最も基本的なモデルである．位相推定における力学系は，量子ビット系の二つの状態 $|0\rangle$ と $|1\rangle$ の位相を角度 θ だけずらすユニタリー変換

$$\alpha|0\rangle + \beta|1\rangle \mapsto \alpha|0\rangle + e^{i\theta}\beta|1\rangle \tag{8.1}$$

に対応している．この角度 θ を推定するためには，プローブ状態を $|0\rangle$ と $|1\rangle$ の重ね合わせ $|\psi\rangle = (|0\rangle + |1\rangle)/\sqrt{2}$ にすればよい．N 個の量子ビットを別々に重ね合わせて角度 θ だけ回転させたときに得られる状態は $|\psi'\rangle = (|0\rangle + e^{i\theta}|1\rangle)/\sqrt{2}$ であり，これを測定して求められる θ の推定誤差を ϵ とすると，これは標準量子限界 $N \propto \epsilon^{-2}$ に従う．

一方で，$n = N/k$ 個の量子ビットが同時に 0 である状態 $|0\rangle^{\otimes n}$ と同時に 1 である状態 $|1\rangle^{\otimes n}$ の重ね合わせたプローブ状態 $|\psi_n\rangle = (|0\rangle^{\otimes n} + |1\rangle^{\otimes n})/\sqrt{2}$ を用意した場合，それぞれの量子ビットを回転させて得られる状態は $|\psi'_n\rangle = (|0\rangle^{\otimes n} + e^{in\theta}|1\rangle^{\otimes n})/\sqrt{2}$ となる．これは，n 個の量子ビットの回転が協同的に

働いた結果，単一の量子ビットが角度 $n\theta$ だけ回転したのと同じ状態が得られると解釈できる．このようなプローブ状態 k 個を用いた場合の θ の推定誤差を ϵ とすると $N \propto k^{1/2}\epsilon^{-1}$ となり，これはハイゼンベルク限界に対応する．

上記の結果を言い換えると，n 個の量子ビット間の干渉によって位相推定の精度は $n^{1/2}$ 倍だけ改善されることがわかる．ただし，量子的な状態 $|\psi_n\rangle$ は n 体のエンタングルメントを含んだ状態であり，n が大きいほど生成や保持が難しくなる．そのため，量子計測による推定精度の向上は実験的に実現できるエンタングルメントの規模に制約されることになる．

8.1.3 ハミルトニアン推定

位相推定の問題は，$H = -\theta|1\rangle\langle 1|$ という形のハミルトニアンの推定に一般化できる．実際，位相推定における量子ビットの回転はユニタリー変換 $U = e^{-iH}$ に等しいから，プローブをハミルトニアン H によって単位時間にわたり発展させることで量子計測を行うことができる．このとき，計測に用いるプローブの数 N はハミルトニアンの作用する時間に等しい．

この考え方を一般化して，より一般的な物理系における量子計測を考えることができる．未知のパラメータ θ を持つハミルトニアン H_θ が作用する物理系が与えられたとき，θ の推定誤差 ϵ の下限は H_θ を作用させる時間 T を用いて与えることができる．

このとき重要となるのは，用意したプローブ $|\psi\rangle$ の時間発展の軌跡がパラメータ θ に依存して連続的に変化するということである．このことは図 8.2 のように幾何的に図示することができる．二つの異なるハミルトニアン H_θ と $H_{\theta+\delta\theta}$ による時間発展の軌跡は時間 T が大きくなるにつれ離れていく．最終的に得られるプローブの距離が大きいほどプローブを測定する回数が少なく済むため，軌跡の離れていく速度の上限 $v_{\max}$ を計算することで，標準量子限界 $T \propto \epsilon^{-2}$ およびハイゼンベルク限界 $T \propto \epsilon^{-1}$ の比例係数を求めることができる．

8.1.4 複雑な系の量子計測

一般に，推定の対象となるハミルトニアン H_θ の未知変数 θ は単一のパラメータとは限らず，特に機械学習におけるブラックボックスのような複雑な系においては多数の未知変数を含む．未知変数の数が多い場合，量子計測はどのくら

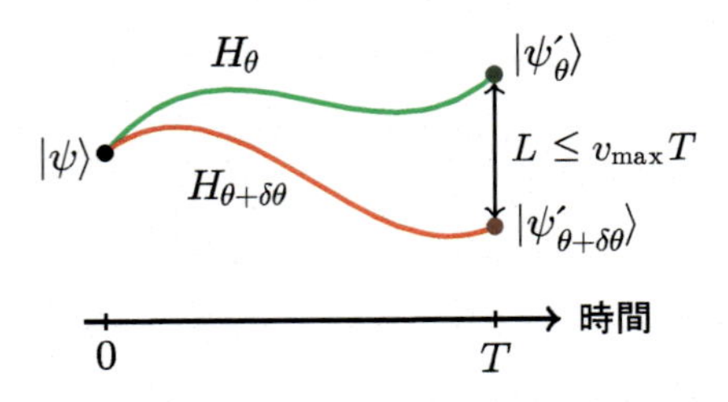

図 8.2 ハミルトニアンの推定におけるプローブの時間発展のイメージ．パラメータのわずかな違い $\delta\theta$ を読み取るためには，最終的に得られるプローブ $|\psi'_\theta\rangle$ と $|\psi'_{\theta+\delta\theta}\rangle$ の距離 L が離れていることが必要である．異なるハミルトニアン H_θ, $H_{\theta+\delta\theta}$ に対する時間発展の軌跡がお互いに離れていく速度には上限 $v_{\max}$ が存在するため，パラメータの測定に必要な時間 T が一定以上となる必要がある．

い難しいものなのだろうか．

ハミルトニアン H_θ が m 個のパラメータ $\theta = (\theta_1, ..., \theta_m)$ に線形に依存している場合

$$H_\theta = \sum_{j=1}^{m} \theta_j H_j \tag{8.2}$$

を考える．エネルギーに関して規格化を行い，さらに d 次元のヒルベルト空間における未知変数の等方性条件 $\sum_{j=1}^{m} H_j^2 \propto I$ を仮定すると，このようなハミルトニアンの推定に対して図 8.2 を拡張した幾何的な描像を用いて精度限界を求めることができる[4)]．

全体の推定精度 ϵ を各パラメータ θ_j の推定精度 ϵ_j の 2 乗平均 $\epsilon^2 = \frac{1}{m}\sum_{j=1}^{m-1} \epsilon_j^2$ で定義したとき，所要時間 T の標準量子限界は漸近的に $d\epsilon^{-2}$ に比例する．このことを $T \in \Theta(d\epsilon^{-2})$ と表そう．これは一般に**ランダウ記法**と呼ばれるもので，漸近的に X に比例する量を $\Theta(X)$ とし，$\Theta(X)$ 以上の量を $\Omega(X)$, $\Theta(X)$ 以下の量を $O(X)$ として集合論的に表す記法である．一方で，プローブに量子的なエンタングルメントを許した場合のハイゼンベルク限界は確定しておらず，幾何的な考察から導かれる T の下界は $d^{1/2}\epsilon^{-1}$ に比例する一方で，現状考えられている計測方法により達成される上界は $m^{1/2}d\epsilon^{-1}$ に比例する．このことは，ハイゼンベルク限界はランダウの記法を用いて $T \in \Omega(d^{1/2}\epsilon^{-1}) \cap O(m^{1/2}d\epsilon^{-1})$ と書き表せる．

等方性条件を持つハミルトニアン推定はいくつか存在する．**ハミルトニアントモグラフィー** (Hamiltonian tomography) においてはヒルベルト空間におけ

る任意のハミルトニアンを推定する．この場合パラメータの個数はグローバルな位相因子を除いて $m = d(d+1)/2 - 1$ となるため，ハイゼンベルク限界は $\Omega(d^{1/2}\epsilon^{-1}) \cap O(d^2\epsilon^{-1})$ の範囲に存在する．対角成分のみのハミルトニアンを推定する**多重位相推定** (multiple phase estimation) においては $m = d-1$ であり，ハイゼンベルク限界は $\Omega(d^{1/2}\epsilon^{-1}) \cap O(d^{3/2}\epsilon^{-1})$ となる．

いずれにせよ，標準量子限界とハイゼンベルク限界には ϵ^{-2} と ϵ^{-1} という差が存在するため，量子計測は一般のハミルトニアンに対しても推定精度を向上させられる余地があることがわかる．しかし，現状知られている推定方法ではパラメータの数が大きくなるにつれてその効果は小さくなるため，複雑なハミルトニアンを直接推定する問題は量子計測においても困難を伴うといえる．

8.2 量子計算における量子計測

量子コンピュータによる計算の高速化は，最も期待される量子力学の応用先の一つである．今日では多くの問題に対する高速な量子アルゴリズムが考案されているが，その根本をたどれば大部分が二つの主要なアルゴリズムに帰着される．一つが 1994 年にショアが提案した素因数分解のアルゴリズムであり，もう一つは 1996 年にグローバーが提案したデータベース検索のアルゴリズムである．

前節で見てきたように，量子的なプローブを用いることで未知の力学系のパラメータの推定精度を向上させることができるが，変数の数が大きくなるにつれその効果は限定的となる．機械学習で必要とされるような多変数を伴う推定に対して量子力学を活用するためには，パラメータをすべて推定するような力ずくの手法よりも，より限定的だが所要時間の短い推定手法を活用した方がよい．実は，ショアのアルゴリズムおよびグローバーのアルゴリズムは，ある種の特別なハミルトニアンやユニタリー変換を高速で推定するアルゴリズムとして捉えることができる．このことは，機械学習における課題を量子計測の問題に帰着させることで，量子的なアルゴリズムを用いた高速化が利用できる可能性を示している．

8.2.1 探索問題

グローバーのアルゴリズム (Grover's algorithm) は，d 個のデータから条件にあう単一あるいは少数のデータを見つけ出すためのアルゴリズムである[5]．この操作に必要な時間は古典的には d に比例する，すなわち $\Theta(d)$ に属することが直感的にも明らかであるが，この問題を量子計測に落とし込むことによって $\Theta(d^{1/2})$ の時間で計測することができる．

このアルゴリズムにおいては，まず d 個のデータを相異なる量子状態 $|x_1\rangle, \ldots, |x_d\rangle$ に対応させる．さらに，各データ x_j に対して検索条件を判定するユニタリー変換

$$U = \sum_{j=1}^{d} (-1)^{f(x_j)} |x_j\rangle\langle x_j| \tag{8.3}$$

を計算する．ここで f はデータ x が条件を満たすときに $f(x) = 1$，そうでない場合は $f(x) = 0$ となる定数時間で計算可能な関数である．このとき，プローブの初期状態を重ね合わせ $|\psi_0\rangle = \frac{1}{\sqrt{d}} \sum_{j=1}^{d} |x_j\rangle$ に設定し，U と $U_0 = 1 - 2|\psi_0\rangle\langle\psi_0|$ を交互に繰り返し作用させる．$\Theta(d^{1/2})$ 回の反復後にプローブを射影測定することで，検索条件を満たす状態 $|x_j\rangle$ を発見できる，というのがグローバーのアルゴリズムである．

量子計測において，グローバーのアルゴリズムは既知の E に対して

$$H = E \sum_{j=1}^{d} f(x_j) |x_j\rangle\langle x_j| \tag{8.4}$$

と表されるハミルトニアン H が与えられたときに，$f(x_k) = 1$ なる k を推定する問題と解釈できる．このとき推定する変数 k は離散的であるから，推定誤差は $\epsilon \in \Theta(1)$ と考えることができる．すると，このアルゴリズムはハミルトニアン推定におけるハイゼンベルク限界の下界 $T \in \Theta(\sqrt{d})$ を満たしている．実際，量子計算を用いた探索問題ではグローバーのアルゴリズムが最速であることは古くから知られており，これはハイゼンベルク限界を直接用いて証明することもできる[6]．ただし，グローバーのアルゴリズムの前提として，ハミルトニアン H の固有エネルギーが $O(d^{-1/2})$ という高い精度で E と一致している必要がある[7]．そのような強い仮定が成り立たない一般のハミルトニアンに対して $\epsilon \in \Theta(d^{1/2}T^{-1})$ を満たすことは，依然として困難であると考えられている．

8.2.2 固有値分解

ショアのアルゴリズム (Shor's algorithm) は素因数分解のアルゴリズムとして知られているが，このうち量子コンピュータが担う部分は，あるユニタリー行列 U の固有値を求める問題である[8,9]．この問題は 8.1.2 項に示した量子計測の問題の一般化であり，量子計算において**量子位相推定**というと通常この固有値を求めるアルゴリズムを指す．

U の各固有値が整数 λ_j を用いて近似的に $e^{2\pi i\lambda_j/D}$ と表せる場合，図 8.3(a) のように D 次元の量子ビット系を用いることで U の固有値分解を行うことができる．ここで $\mathcal{F}_D$ と $\mathcal{F}_D^\dagger$ は量子フーリエ変換とその逆変換であり，補助系に制御されたユニタリー変換 U^Z は

$$U^Z(|z\rangle_D \otimes |\varphi\rangle_d) = |z\rangle_D \otimes U^z|\varphi\rangle_d \tag{8.5}$$

と作用する．このとき，最終的に生成されるプローブの密度行列は

$$\rho' = \frac{1}{d}\sum_{j=1}|\lambda_j\rangle\langle\lambda_j|_D \otimes |e_j\rangle\langle e_j|_d \tag{8.6}$$

と書き表される．ここで $|e_j\rangle_d$ は固有値 $e^{2\pi i\lambda_j/D}$ に対応する固有状態になっているため，プローブ ρ' を測定することで固有値分解の情報が得られる．

ただし，このプローブから固有状態の情報を取り出すためには量子状態 $|e_j\rangle_d$ の高精度な推定が必要となるため，最終的に必要となる時間は古典計算と同等以上になってしまう．一方で，固有値の情報のみを取り出す場合にはプローブの個数が $\Theta(d\log d)$ で済む．一つのプローブを生成するのに必要な時間は補助系の大きさ D に比例し，それぞれの固有値の推定誤差 ϵ は D に反比例することから，このアルゴリズムの所要時間は推定精度に対して

$$T \in \Theta(d\log d\cdot\epsilon^{-1}) \tag{8.7}$$

となる．

同じ原理を用いて，未知のハミルトニアン H の固有値を求めることも可能である．先ほどと同様に量子ビットを補助系に用いてもよいが，光子などの量子モードを補助系とした方がよりわかりやすい[10]．この場合，$\mathcal{F}_D, U^Z, \mathcal{F}_D^\dagger$ の三つの変換に相当する部分が，図 8.3 (b) のように量子モードの運動量と結合したハミルトニアンの時間発展 $e^{-i\tau pH}$ に置き換わる．H の固有値 λ_j に対応す

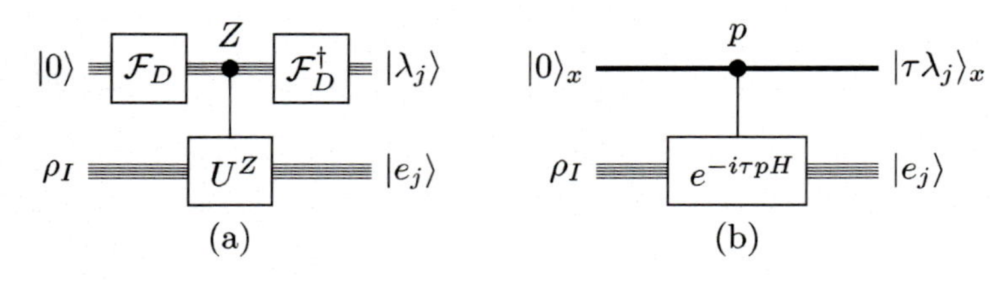

図 8.3 (a) 補助系に量子ビットを用いたユニタリー行列 U の固有値分解および (b) 補助系に量子モードを用いたハミルトニアン H の固有値分解の量子回路．確率密度行列 ρ_I を最大混合状態とし，補助系で制御された U または H を作用させることで，固有値の情報 λ_j と固有状態 $|e_j\rangle$ の組み合わせをプローブとして取得することができる．実際に固有値分解を行うためには，プローブの反復測定が必要となる．

る固有状態を $|e_j\rangle_d$ とすると，この固有状態に対して時間発展は $e^{-i\tau\lambda_j p}$ のように振る舞うため，対応する量子モードの位置は $\tau\lambda_j$ だけ並進することになる．量子モードの初期状態が位置確定状態 $|0\rangle_x$ に十分近いとすると，プローブの密度行列は

$$\rho' = \frac{1}{d}\sum_{j=1} |\tau\lambda_j\rangle\langle\tau\lambda_j|_x \otimes |e_j\rangle\langle e_j|_d \tag{8.8}$$

となり，量子モードの位置を測定することで固有値 λ_j の分布が得られることになる．

このアルゴリズムにおいて問題となるのが，運動量と結合した H の時間発展 $e^{i\tau pH}$ をシミュレートするのに必要な時間である．一般のハミルトニアン H に対しては $\Theta(d^{1/2}\tau)$ の時間を要するが，H が低ランク，すなわち H の固有値のうち 0 でないものが少数であることが既知の場合は $\Theta(\tau)$ でよいことが知られている．すなわち，推定誤差 $\epsilon \propto \tau^{-1}$ は一般の場合に対しては $\Theta(d^{3/2}\log d)$，低ランクの場合は $\Theta(d\log d)$ となる．

8.3　機械学習における量子計測

これまでの節で見てきたように，量子計測はただ量子力学の推定問題を解くというだけではなく，古典的な問題を量子計測の問題に翻訳することで古典より高速に問題を解くという応用も持っている．

一般に，量子力学と機械学習の関連を探る上で，2 種類のアプローチが存在

する．一つは量子力学を用いて機械学習の問題をいかに速く解けるかという課題であり，もう一つは機械学習を使って量子力学の問題をいかに速く解けるかという課題である．この節では前者の課題に注目し，実際に機械学習において現れる様々な問題に対してとりうる量子計測のアプローチを紹介する．一方で，8.1.4項で取り上げたような複雑な系の量子度量衡に対しては後者のアプローチも重要であり，圧縮センシングを用いた低ランクハミルトニアンの推定などが提案されている[11]．

8.3.1 学習データセットの誤分類検出

データセットの分類あるいはラベリングは機械学習にとって基本的な問題の一つであり，ニューラルネットワークやサポートベクターマシンなど多岐にわたる学習アルゴリズムが用いられている．どのような学習手法であっても，新規の学習データに基づいて学習した内容を更新するという課題は共通している．

ある学習アルゴリズムによって，データ x をいずれかのラベル $y = 1, ..., L$ に対応させる関数 $y = \lambda(x)$ を学習したとしよう．新たに入手した学習データ $(x_1, y_1), ..., (x_d, y_d)$ がこの関数 λ によって正しく分類されていれば問題ないのだが，そうでない学習データが存在する場合には関数 λ を更新する必要がある．しかし，元々の関数 λ がすでによく学習されていた場合はこのような誤分類は非常に少数であると考えられるため，学習データの数 d が多数である場合はグローバーの探索アルゴリズムによって高速化できる．この場合，式 (8.3) における関数 f を $f(x, y) = 1 - \delta_{\lambda(x), y}$ と定めればよい．実際に，パーセプトロンに関しては量子力学を用いて学習が高速化することが示されている[12]．

8.3.2 量子主成分分析

主成分分析は機械学習の基本となるコンポーネントの一つであり，入力データの次元の削減や新しい学習データの傾向の分析などに用いられる．ショアのアルゴリズムに用いられる量子位相推定は一般のエルミート行列 H の固有値分解が行えるため，分析したい行列 Λ に対してハミルトニアン $H = \Lambda^T \Lambda$ の量子位相推定を行うことで主成分分析を高速に行うことができる[13]．

これは一見強力なアルゴリズムに思えるが，古典的なデータとして与えられる正定値行列 H を量子力学に変換しなければならないという問題が残る．しかし，H の代わりに規格化された量子状態 $\rho_H = H/(\mathrm{tr}\, H)$ を複数用意することで，任意の精度 ϵ で時間発展 e^{-itH} をシミュレートすることができる．また，図 8.3 におけるプローブの初期状態 ρ_I の代わりに，ρ_H や別の正定値行列 H' に対応する量子状態 $\rho_{H'}$ に置き換えることで，H の固有値のうち H' の主成分に近いものを重点的に取り出すといった応用も存在する．

8.3.3　お わ り に

この節で取り上げた量子機械学習はいずれも既知の古典的なアルゴリズムを上回る計算速度を発揮することが理論的には可能であるが，現在の量子技術では困難な操作を含んでいる．任意の計算可能な関数 $f(x)$ に対して式 (8.3) のようなユニタリー変換を構成したり，正定値行列 H に対して量子状態 ρ_H を生成したりする部分がそれである．

一方で，機械学習の速度や効率の根源を理論面から探る，という点では量子計測は重要な役割を果たしうる．表 8.1 に示すのは，現在知られている結果のうちこの章で取り上げたものをまとめたものである．機械学習において現れる課題を未知のハミルトニアンの推定という問題として捉えたとき，古典的あるいは量子的な方法でどの程度の効率で解けるのかという究極の目標を量子計測によって導くことができる．そして，機械学習が古典的な限界に達した場合は，より高速な学習アルゴリズムのためには量子的な機械学習の実現が重要となるのである．

表 8.1　ハミルトニアンの対角成分に対する推定問題とその所要時間 T の比較．d はヒルベルト空間の次元であり，ϵ は推定の誤差である．ただし，グローバーのアルゴリズムは離散的な推定問題であるため ϵ に相当する値が存在しない．

推定問題	前提条件	所要時間 T
多重位相推定	固有状態 $\vert e_k\rangle$	$\Omega(d^{1/2}\epsilon^{-1}) \cap O(d^{3/2}\epsilon^{-1})$
グローバーのアルゴリズム	式 (8.4)	$\Theta(d^{1/2})$
量子位相推定	なし	$\Theta\big((d^{3/2}\log d)\epsilon^{-1}\big)$
量子位相推定	低ランク	$\Theta\big((d\log d)\epsilon^{-1}\big)$

作業環境

本章の内容は機械学習を理論的側面から述べたものであるため，数値計算は用いていない．現在，量子情報を用いた機械学習の研究には古典コンピュータにおいて量子計算をシミュレートするライブラリが多く用いられる．C++，Python，Julia を中心に多数のライブラリが存在し，並列化や GPU 高速化などが使用できる．

ただし，量子シミュレーションの計算量は量子ビットの数に対して指数関数的に増大する．目安として，個人用コンピュータで 28 量子ビットを快適にシミュレートするためには 4GB 以上の RAM が必要である．GPU を搭載したワークステーションならば 35–40 量子ビット程度のシミュレーションが可能であり，それを上回ると大規模スーパーコンピュータの世界になる．

［久良尚任］ ■

文　献

1) V. Giovannetti, S. Lloyd, and L. Maccone, “Quantum metrology” Phys. Rev. Lett., **96** (1), 010401 (2006).
2) M. Takamoto, F. -L. Hong, R. Higashi, and H. Katori, “An optical lattice clock” Nature, **435** (7040), 321–324 (2005).
3) R. Schnabel, N. Mavalvala, D. E. McClelland, and P. K. Lam, “Quantum metrology for gravitational wave astronomy” Nature Communications, **1**, 121 (2010).
4) N. Kura and M. Ueda, “Finite-error metrological bounds on multiparameter Hamiltonian estimation” Phys. Rev. A, **97** (1), 012101 (2018).
5) L. K. Grover, “A fast quantum mechanical algorithm for database search” In *Proceedings of the 28th annual ACM symposium on Theory of computing*, pp.212–219, ACM (1996).
6) R. Demkowicz-Dobrzański and M. Markiewicz, “Quantum computation speedup limits from quantum metrological precision bounds” Phys. Rev. A, **91** (6), 062322 (2015).
7) G. -L. Long, X. Li, and Y. Sun, “Phase matching condition for quantum search with a generalized initial state” Phys. Lett. A, **294** (3–4), 143–152 (2002).
8) P. W. Shor, “Algorithms for quantum computation: Discrete logarithms and factoring” In *Proceedings of the 35th Annual Symposium on Fundamentals of Computer Science*, pp.124–134, IEEE (1994).

9) A. Y. Kitaev, "Quantum measurements and the Abelian stabilizer problem" Technical report, Weizmann Institute of Science (1996).
10) N. Liu, J. Thompson, C. Weedbrook, S. Lloyd, V. Vedral, M. Gu, and K. Modi, "Power of one qumode for quantum computation" Phys. Rev. A, **93** (5), 052304 (2016).
11) K. Rudinger and R. Joynt, "Compressed sensing for Hamiltonian reconstruction" Phys. Rev. A, **92** (5), 052322 (2015).
12) A. Kapoor, N. Wiebe, and K. Svore, "Quantum perceptron models" In *Advances in Neural Information Processing Systems 29*, pp.3999–4007, Curran Associates (2016).
13) S. Lloyd, M. Mohseni, and P. Rebentrost, "Quantum principal component analysis" Nature Physics, **10**, 631–633 (2014).

第 4 部
素粒子・宇宙

第 9 章

深層学習による
中性子星と核物質の推定

9.1 超高密度物質の研究は現代物理学の未解決問題

中性子星の観測データから**核物質** (nuclear matter) の**状態方程式** (equation of state) を推定する問題は，機械学習，特に**教師あり学習** (supervised learning) が得意とする回帰問題の好例である．

機械学習の本題に入る前に，どんな問題に興味があって，どんな困難が待ち受けているのか，という物理の背景から始めよう．我々の身の回りの物質を形作っている原子は，原子核と電子から構成されている．よりミクロに見ると原子核も，陽子と中性子が相互作用して結びついた状態，つまり複合状態である．さらに陽子や中性子もまたクォークとグルーオンと呼ばれる素粒子の複合状態と考えられている．

クォークとグルーオンの相互作用は**量子色力学** (quantum chromodynamics)[1] という理論の形で定式化されている．今日では，陽子や中性子，果ては軽い原子核の基本的性質までもが，量子色力学の第一原理数値計算によって再現されている．さらに「知っている何かを説明する」だけでなく，「未だ知らない何かを理論的に予言する」こともできる．例えば，1980 年代頃から，量子色力学を数値的に解いた結果に基づき，超高温度環境（摂氏 2〜3 兆度）下では，原子核はおろか陽子や中性子さえもバラバラに壊れて，クォークとグルーオンが融け出した新しい物質の形態が存在することが理論的に明らかになってきた．この理論計算は，原子核を高エネルギーでぶつける実験（相対論的原子核衝突実験）の強い動機づけとなり，2000 年代初頭には新しい物質の形態の実験的証拠が得られた[2]．

こうした成功体験から，十分な計算機資源さえあれば量子色力学の数値計算結果が我々に物質の性質の“すべて”を教えてくれる，と考えるのは自然な期待だろう．もしも実現すれば理論の華々しい勝利といえる．実際，初期宇宙にも匹敵する超高温度環境については，数値的な理論計算は大きな成功を収めてきたわけだが，中性子星深部のような超高密度環境ではどうだろうか？ 中性子星とは，質量の大きな恒星の超新星爆発後に残る半径 10 km 程度の天体で，$1\,\mathrm{cm}^3$ あたり数億トン超にも達する超高密度の（ほぼ）中性子の塊である．このような高密度物質は，原子核の内部のような状態（これを核物質と呼ぶ）になっている．近似的には，中性子星を超巨大な（質量数が 10^{55} 程度の）原子核とみなすこともできる．

詳しい話は割愛するが，有限密度効果によって粒子と反粒子の対称性を壊すと，理論が非エルミート的になってしまい，数値計算が格段に難しくなる．こうした数値計算の困難は一般に**符号問題** (sign problem)[1)] と呼ばれ，その解決を目指して，何十年にもわたって数多くのアイデアが提案されてきた．しかし今でも，信頼できる第一原理計算ができるのは，密度が温度より十分に小さいパラメータ領域に限られている．中性子星内部では密度が温度よりずっと大きいので，現状では量子色力学による第一原理計算は不可能である．

9.2 観測される物理量と理論計算をつなぐ

もう少し物理の話を続けよう．教師あり機械学習では，学習用データセットを使って機械が訓練を積み，本当に知りたいデータを診断する．例えば手書き文字認識では，画像データを診断して文字を特定する．中性子星の場合，画像データに対応するのは中性子星の質量と半径に関する観測データであり，特定される文字に対応するのは核物質の状態方程式である．

中性子星は，通常の原子核と違って重力によって束縛しており，重力で潰れないように核力が星を支えている．つまり星の内向きに働く重力と外向きに働く圧力勾配が釣り合っている．Newton 力学の範囲内で釣り合いの条件を書くと

$$\frac{dp(r)}{dr} = -G\frac{m(r)}{r^2}\rho(r) \tag{9.1}$$

となる．ここで G は重力定数，r は星の中心からの距離，$p(r)$ は r における圧

力，$\rho(r)$ は r における質量密度である．そして $m(r)$ は中心から r までの球殻内の質量，すなわち

$$\frac{dm(r)}{dr} = 4\pi\rho(r)r^2 \tag{9.2}$$

で与えられる．実際の研究では，式 (9.1) に一般相対論的な補正を加えた**TOV 方程式** (Tolman-Oppenheimer-Volkoff equation) を用いる．今 $p(r)$, $\rho(r)$, $m(r)$ という三つの未知関数に対して，条件式は 2 本しかないので，このままでは TOV 方程式を解くことができない．もう一つの条件式が状態方程式，すなわち p と ρ の間の関係式 $p = p(\rho)$ である．

TOV 方程式を解く方法は，効率や精度を向上する工夫を凝らしたものもあるが，最も素朴には，$r = 0$ で初期条件 $m(r = 0) = 0$, $\rho(r = 0) = \rho_0$, $p(r = 0) = p_0 = p(\rho_0)$ を与えて r について積分すればよい．r の増加とともに $p(r)$ は単調に減少し，やがて $r = R$ で $p(r = R) = 0$ に達する．これは $r = R$ が中性子星の表面であることを意味しており，このようにして中性子星の半径 R と質量 $M = m(R)$ が算出できる．色々な値の ρ_0 で R を変化させることにより $M = M(R)$ という曲線を引ける．この曲線を「MR 関係」と呼ぶ．以上を模式的にまとめると次のようになる．

$$\boxed{\text{理論模型：状態方程式 } p = p(\rho)} \xrightarrow{\text{TOV 方程式}} \boxed{\text{理論値：} MR \text{ 関係}} \tag{9.3}$$

従来の方法では，第一原理計算の代わりに現象論的な理論模型を仮定して状態方程式を計算し，それを TOV 方程式に用いることによって MR 関係の理論計算値を得ていた．もしも MR 関係が観測されたデータに届いていなければ，仮定した理論模型が不十分であると結論する．実際には MR 関係のほかにも，音速が光速を超えない因果律の条件や，重力波による潮汐変形度の上限など，もう少し強い拘束を課せるのだが，話を簡単にするためここでは深入りしない．

かつて式 (9.3) のように模型から出発して MR 関係を求めていたのは，観測データが少なかったためである．しかし十分に観測データが蓄積されれば，より自然なアプローチは次のような逆向きのフローであろう．

$$\boxed{\text{観測値：} MR \text{ 関係}} \xrightarrow{\text{TOV 方程式}} \boxed{\text{推定値：状態方程式 } p = p(\rho)} \tag{9.4}$$

このようにして観測から推定された状態方程式が得られれば，理論模型との

比較をより直接的にできる上，もしかしたら核物質からクォーク物質への転換の兆候を捉えることができるかもしれない．

9.3　仮定をせずにどこまで遡れるのか？

現在はせいぜい15個程度の中性子星のそれぞれについて，尤（もっと）もらしいMとRの分布が知られているだけなのだが（もちろん将来的にはデータの数も精度も向上するだろうが），まず理想的にMR関係の曲線がわかっているとしよう．

TOV方程式を状態方程式からMR関係への写像だと考えると，式(9.4)の向きに解いて状態方程式を一意に決めるためには，写像が単射でなければならない．恣意的に例外を作ることはできるかもしれないが，物理的に意味のある状況設定では，この写像は全単射になっていることがわかっている．例えば1次相転移を持つような状態方程式であっても，対応するMR関係を求めて，得られたMR関係から逆に解いて1次相転移する状態方程式を正しく再構成することができる．

ということは，観測データのMとRの組み合わせの分布からχ^2フィットなど適当な方法を用いて，尤もらしいMR曲線を描くことができれば，それに対応する尤もらしい状態方程式が得られることになる．これは式(9.4)を実装する最も素朴な方法である．ところが現実には，図9.1に示すように，それぞれの観測データはMR平面上の確率分布で与えられていて，“尤も”らしいMR曲線を引くことは非自明な操作となる．もちろん引くこと自体はいつでも可能だが，それぞれのデータの最尤点にフィットをかけすぎると曲線が不自然に湾曲してしまうし（これは機械学習における過学習と共通の問題），滑らかさを要請するとフィットに恣意的なバイアスが入り込む．また，尤もらしいMR関係の確率分布を求めてから，TOV方程式を逆に解いて尤もらしい状態方程式の確率分布に焼き直すのは，いかにも二度手間という感じがする．

そこで最近は，**ベイズの定理** (Bayes' theorem) に基いた解析が主流のアプローチとなっている．ここでは詳しく立ち入らないが，ベイズの定理とは事象A，Bに対する条件付確率が満たす等式，

$$P(B|A) = \frac{P(A|B)P(B)}{P(A)} \tag{9.5}$$

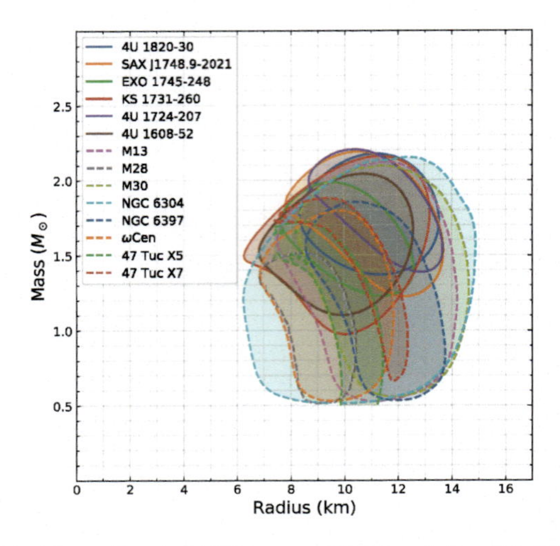

図 9.1　観測に基づく 14 個の中性子星の MR 平面上の分布．それぞれの中性子星は $1\sigma(68\%)$ の確からしさで囲まれた領域内にある（文献[6]より引用）．

のことである．ここで A を「中性子星の M，R の組が観測値のように分布する事象」とし，B を「ある状態方程式が結論される事象」とするならば，左辺の $P(B|A)$ はまさに我々のほしい状態方程式の確率分布となる．右辺の $P(A)$ は単に規格化を与えるだけなので，$P(B)$（事前分布と呼ばれる）で状態方程式を生成し，TOV 方程式を解いて条件付き確率 $P(A|B)$ を求めれば，ほしい左辺 $P(B|A)$（事後分布と呼ばれる）が計算できたことになる．このように書くと簡単に見えるが，いざ実行しようとすると，$P(B)$ を仮定し，中性子星の分布を適当に導入し，パラメータ空間の積分測度を選び，といった具合で恣意的な操作を避けることができない．したがってベイズ解析と一括りにしても，実は "流儀" の違いが結果を左右するため，それなりの現象論的経験を積んで直感を磨いてから使う必要がある．

9.4　機械学習なら簡単です

なるべく余計なことを考えず自動的に実装可能で，それでいて直観にも合う結果を得る便利な方法はないだろうか？　普通は，そんな都合のいい話があるわけがない，というところだが，ここで深層学習の登場である．具体的には，まず乱数的に様々な状態方程式を作り，式 (9.3) の矢印の向きに MR 関係を求めて，十分に大きなサンプルサイズの学習用のデータを準備する．次にこのデータを使ってニューラルネットワークを訓練してやれば，式 (9.4) のような“逆解き問題”は，いとも簡単に解けてしまう．

9.4.1 疑似データでテストする

疑似データを使ったテスト計算結果[4)]を見せて深層学習の威力を示したのち，詳しい方法の説明に入ることにしよう．

図 9.2 はテスト計算から無作為に抽出した 2 例である．左図の破線が乱数によって生成された疑似状態方程式を表しており，いわば「正解」である．状態方程式は五つのパラメータで特徴づけられており滑らかでないが，実際の観測データには精度の限界があるため，パラメータ数をこれ以上増やしても意味がない．この正解の状態方程式に対応する正解の MR 関係が右図の破線である．実際に観測されるデータは，図 9.1 のように，正解と重なる確率分布でしか与えられていない．実測データは中性子星毎に異なる確率分布で広がっているのだが，それはまたあとで考慮することにして，テスト計算では簡単のため，半径の確率分布の広がりは $\sigma_R = 0.5\,\mathrm{km}$，質量の確率分布の広がりは $\sigma_M = 0.1M_\odot$（ここで $M_\odot$ は太陽質量を表す）と一つの値に決めてしまおう．図 9.2 の右図のエラーバー付きの 15 個の点が，破線のまわりで σ_R，σ_M に従って乱数的に生成した疑似観測データである．学習を済ませたニューラルネットワークにこ

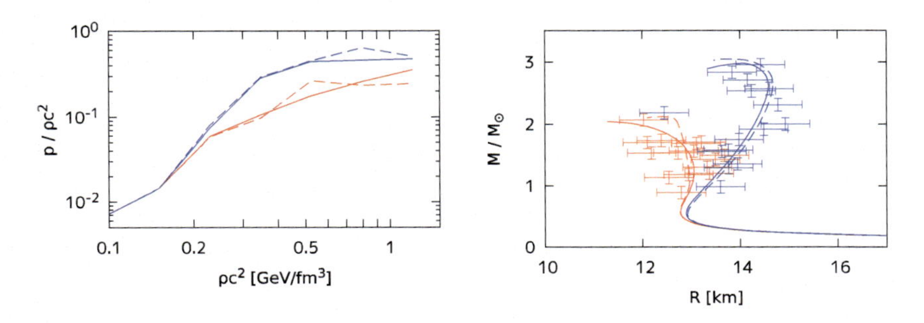

図 9.2 状態方程式（左）と疑似 MR データ（右）．赤と青は 2 例の疑似状態方程式に対応する．破線が生成した疑似状態方程式に対応し，実線が 15 個の疑似観測データからの推定結果である（文献[4)]より引用）．

の疑似観測データである 15 個の (R, M) の組を入力すると，状態方程式の五つのパラメータを返してくれる．このようにして推定された状態方程式が左図の実線であり，破線をよく再現していることが見てとれる．さらに推定された状態方程式を用いて推定した MR 関係が右図の実線である．ここで強調したいポイントは，右図において，ニューラルネットワークは正解の破線の情報を直接知っているわけではなく，破線から外れた 15 個のデータしか与えられていないことである．それにもかかわらず，推定された実線は破線をよく再現している．

9.4.2 方法を説明する

どのようなニューラルネットワークを組み，どのように学習させるのか，もう少し詳しい中身を解説しよう．上述のテスト計算ではなく，図 9.1 の観測データを使うことを想定して，ニューラルネットワークをデザインしよう．入力層には観測データの自由度だけニューロンが必要である．現在のところデータの入手できる中性子星観測[5] は 14 個であり，それぞれ MR 平面上で確率分布している．本来は確率分布を画像データに焼き直して解析するのが望ましいが，それには規模の大きな深層学習計算が必要となる．まずは R 軸，M 軸方向へ射影した確率分布を，幅がそれぞれ σ_R, σ_M であるような正規分布で近似してみよう．すると，分布の中心 R, M とあわせて四つのパラメータで確率分布を特徴づけることができるため，入力層のニューロンは 14 (中性子星の数) $\times 4$ (パラメータ数) $= 56$ 個になる．すでに説明したように，状態方程式は五つのパラメータで特徴づけられており，出力層のニューロンは 5 個である．ここでは隠れ層は三つにして，表 9.1 のようにニューラルネットワークをデザインする．

このニューラルネットワークを訓練するために**トレーニングデータ** (training data) と**ヴァリデーションデータ** (validation data) を生成する．今回の教師あり学習の数値計算では，膨大なデータの生成が最も計算機資源を消費するが，

表 9.1　ニューラルネットワークのデザイン．

層	ニューロン数	活性化関数
入力層	56	N/A
隠れ層 1	60	ReLU
隠れ層 2	40	ReLU
隠れ層 3	40	ReLU
出力層	5	tanh

これは容易く並列化できるため，十分な計算機環境があれば時間はかからない．

まず，図 9.2 の左図に示したような乱数的な状態方程式を 500 個，独立に用意する．標準核密度までは原子核理論計算された状態方程式を使い，それより高密度では，光速を超えない範囲で音速を乱数的にふって状態方程式を作る．それぞれの状態方程式に対して MR 曲線を引けるわけだが，実際の観測データは様々な分布の広がりを持って MR 曲線からずれていることをニューラルネットワークに学習してもらう必要がある．テスト計算では固定していた σ_R，σ_M を，それぞれ $[0, 5\,\mathrm{km})$，$[0, M_{\odot})$ の範囲内でそれぞれの中性子星毎に一様分布する乱数にしよう．つまり一つの状態方程式に対して，14 組の (σ_R, σ_M) を乱数で生成し，このセットを 100 パターン作る．ニューラルネットワークはこの 100 パターンを見ることで，観測毎に確率分布の幅がばらつくことを知る．

次に，14 組の (σ_R, σ_M) の 1 パターンに対して，観測データ (R, M) のセットを 100 個生成する．観測データは，(σ_R, σ_M) に対して，その幅を持った正規分布で "ずれ" を乱数的に生成し，真の MR 曲線からずれたところに中性子星の観測データ (R, M) を選ぶ．このようにして，ニューラルネットワークは，観測データが真の MR 関係から確率的にずれていることを学ぶ．

結局，一つ一つの状態方程式に対して，状態方程式を特徴づける 5 個のパラメータと，14 個の観測データを特徴づける 56 個のパラメータの組を，$100 \times 100 = 1$ 万組，生成することになる．用意した状態方程式は 500 個だったから，トレーニングデータセットの総数は 500 万組である．損失関数には，状態方程式の 5 個のパラメータを用いて平均 2 乗対数誤差を採用する．過学習を防ぐために，トレーニングデータとヴァリデーションデータそれぞれの損失関数をモニターして，ヴァリデーションデータの損失関数が増加に転じる前に学習を終了させる．

我々の工夫は，入力データに観測誤差があることをニューラルネットワークに教えるために，同じ出力に対して，観測誤差と同様の変位をつけた入力データをいくつも作って学習を進める点にある．つまり，入力データが少々違っていても出力が同じなので，入力データにはそれくらいの遊びがあるのだと，ニューラルネットワークが経験を積んで学んでくれるというわけである．面白いことに，このように入力データのコピーを作って適当に揺らがせた方が，学習が速く進む傾向にある．普通，損失関数をモニターすると，学習は，停滞期間を経て一気に進み，また停滞期間を経て一気に進み，を繰り返す．停滞期間は損失関数の局所的な最小値に落ち込んだ状態で，人間の学習にたとえるなら，先入観にとらわれた状態とでもいえよう．適度に揺らがせた入力データによる学習の速さをこのたとえで解釈すると，特定の教材を使って学んだ人よりも，適度に不確かな教材をたくさん使って学んだ人の方が，何らかの先入観にとらわれることなくより速く賢くなるということだろう．深層学習で興味深いのは，このように人間の学習にたとえられるような，教訓的な振る舞いがしばしば見られることである．

9.4.3　観測データから状態方程式を推定する

学習を済ませたニューラルネットワークができてしまえば，残りの作業は図9.1の観測データから56個のパラメータを読み出すだけである．入力層のニューロンに56個のパラメータを入れると，出力層のニューロンから出てくる5個のパラメータが，推定された状態方程式を与える．

しかしこれで話が終わったわけではない．我々は物理の問題を考えているのだから，入力に誤差があるように出力にも誤差がある．誤差の評価もニューラルネットワークに組み込むようにデザインすることは原理的には可能である．つまり状態方程式を乱数的に生成するときに，状態方程式を特徴づける5個のパラメータだけでなく，それらの揺らぐ幅も含めてパラメータを10個に増やしておき，生成した状態方程式を揺らがせればよい．これだけなら出力層のニューロンが増えるだけなのだが，問題は，入力側で説明したのと同様に一様分布の乱数で幅を作りその幅の正規分布で真値からずらし，という操作を出力側にも入れると，トレーニングデータセットが今の 100×100 倍ほど大きくなってしまうことである．誤差の評価をするためだけに，元の計算の1万倍の労力をかけるのは，経済的ではない．

機械学習を物理の問題に応用するときには，いつでも誤差の評価が深刻である．こうすればよい，という標準的な（そして経済的な）レシピはまだ確立しているといえない．理論計算ではあまり問題にならないかも知れないが，我々のように実験データを扱うときには，誤差や信頼性の評価は必須となる．

ここでは簡便法として「再現性の指標」を導入し，それを誤差と読み替えることにしよう．つまり，トレーニングデータを10セット（あるいはもっと多く）作っておき，10個の独立なニューラルネットワークを訓練する．もし出力の信頼性が低いなら，ニューラルネットワークの学習の感度も低いはずだから，10 個のニューラルネットワークからの独立な出力は，より大きく揺らいでいるはずである．ということは，10 個のニューラルネットワークからの出力の分散をとれば，誤差の目安を与えていると考えてよさそうである．しかしこれは厳密には誤差ではなく，この方法の枠内における結果の再現性の指標というべき量である．損失関数やニューラルネットワークのデザインの選択に起因する系統誤差は含まれていない．

こうして得られた最終的な結果が図 9.3 である．青い太線が推定された状態方程式，そのまわりのバンドが再現性の指標による誤差を表す．参考のために代表的な理論計算もあわせて図示してある．いくつかの理論計算は我々が推定した状態方程式に非常に近いことがわかる．音速の計算や潮汐変形度のチェックなど，さらに詳しい解析は，論文[6] を見てもらいたい．今後，中性子星の観測データの数や質の向上にともない，結果の信頼性はより高まっていくはずである．このような解析から，例えば，中性子星の深部にカラー超伝導クォーク物質が存在する傍証などが得られれば，超高密度物質の性質解明に向けた大き

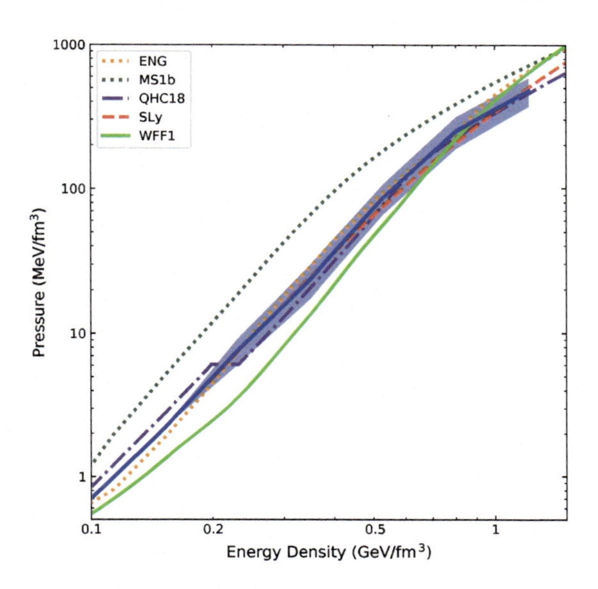

図 9.3　実験データから推定された状態方程式（青い太線）と，様々な理論計算との比較．青い太線まわりのバンドは再現性の指標を使った誤差を表す．

な発展となるだろう．

9.5 ま と め

機械学習を用いた簡単な計算により，14 個の中性子星の観測データから，直接，状態方程式をうまく推定できることがわかった．今回のような実験データの処理はベイズ推定でも実行可能であるが，それでも機械学習を使う利点を二つ挙げておく．まず何より実装の簡単さが大きな利点である．学習の方針を決めて質のよいトレーニングデータを生成することと学習が適切に進むことにだけ気をつければ，あとはほとんど余計なことを考えず素直に実装できてしまう．次にバイアスが入りにくいことも利点である．自分でモデルの関数形を設計するのと違って，機械学習では，任意の連続関数を表現できるニューラルネットワークを利用することにより，恣意的な仮定によらない結果を得られる．

最後にベイズ推定と今回の機械学習の関係について，もう少し述べておこう．今回の機械学習で用いたトレーニングデータは，状態方程式を特定の確率分布の仮定のもとで乱数的に生成して用意した．この状態方程式の確率分布は，ベイズ解析における事前分布に対応すると考えられる．ベイズ解析では実際の観測結果を使って事前分布から事後分布を求め，それを用いて尤もらしい答えを算出する．一方で，今回の機械学習では状態方程式の事前分布のもとで様々な仮想的な観測結果をトレーニングデータとして用意して，直接，尤もらしい答えが得られるように学習を行った．もともとベイズ統計が科学分析で受け入れられてきた背景には，固定された確率分布よりも，観測に基づく主観的な確率分布 $P(B|A)$ の方が我々が世界を科学的に解明していくプロセスに合致していたということもあろう．実験などによって得られる A という客観的な証拠によって，モデル B の主観的な確率分布が改訂されていくのである．しかし科学においてモデルの確率分布が直接に意識されることはあまりない．実際には，人間が A と B の対を数多く観察し豊富な経験を積んでいくうちに，どんな B を持ってくれば，どんな A になりそうか，勘所がわかるようになってくる．これはちょうど，機械学習においてニューラルネットワークが学習する過程に似ている．機械学習は，我々が経験とか勘とか呼んでいる感覚的なものを，系統的に計算機に実装する手続きを与えてくれているのではないだろうか．

作業環境

プログラミング言語は Python 3 を用いた．機械学習には TensorFlow をバックエンドとして Keras を利用した．計算はワークステーション [CPU: インテル Xeon E5-1620 (4 コア，3.60GHz)，メモリ：64GB] で実行した．

［福嶋健二・村瀬功一］

文　献

1) 量子色力学や原子核衝突実験，中性子星の構造，TOV 方程式はすべて次の教科書に解説されている．K. Yagi, T. Hatsuda, and Y. Miake, *Quark-Gluon Plasma: From Big Bang to Little Bang*, Cambridge University Press (2008).
2) M. Gyulassy and L. McLerran, "New forms of QCD matter discovered at RHIC" Nucl. Phys. A, **750**, 30 (2005).
3) P. de Forcrand, "Simulating QCD at finite density" PoS LAT, **2009**, 010 (2009).
4) Y. Fujimoto, K. Fukushima, and K. Murase, "Methodology study of machine learning for the neutron star equation of state" Phys. Rev. D, **98**, 023019 (2018).
5) 中性子星の最新の観測データはアリゾナ大学 Xtreme Astrophysics Group が管理しているサイト http://xtreme.as.arizona.edu/NeutronStars/ から入手できる．
6) Y. Fujimoto, K. Fukushima and K. Murase, "Mapping neutron star data to the equation of state of the densest matter using the deep neural network" arXiv:1903.03400 [nucl-th].

第 10 章

機械学習と繰り込み群

10.1 特徴の抽出

人工知能は本来，人間が認識する様子をコンピュータで再現することを目標にして研究されてきた．そして，人工知能の仕組みを議論することで，人間の認識の仕組みについても理解が深められると期待されてきた．

認識の仕組みと一口にいっても，そこには様々な側面がある．その中で特に本質的な働きを挙げるとすれば，「ありのままを認識しない」ことではないかと，筆者は考えている．

人間がもし見たものすべてを認識していたら，その膨大な情報量ゆえ，脳はたちまちエネルギー不足に陥るだろう．コンピュータの消費電力と比べても，脳が驚くほど省エネなのは，扱う情報量をうまく削減しているからである．

人間は決して見たままを認識しない．大切な部分のみを選び出して認識している．いわば，見たものの「特徴」のみを抽出して認識し，それ以外の情報は捨てているのである．その結果，時には錯視のように誤った認識をしてしまうこともあるが，おおむね正しく物事を認識することができる．

逆に，もし人間がありのますべてを認識できていたら，人間社会は随分とつまらないものになっていたかもしれない．一人一人が自分の認識で情報の特徴を抽出し，それを他者と共有し合うからこそ，私たちはいつも新しい気づきを得て，時に感動することができるのではないだろうか．

この「特徴を抽出する」という認識の働きが，近年の機械学習の目覚ましい発展によって，人工知能で再現できるようになってきた．そのことについて，本章では物理学の視点を入れながら考察してみたいと思う．

10.1.1 Google の 猫

機械学習によって情報の特徴が抽出できることを広く知らしめたのは，いわゆる「Google の猫」と呼ばれる研究結果であろう[1)].

この研究では，動画サイト YouTube に投稿された 1000 万本の動画から 1 枚ずつ静止画を切り出して，教師なし学習を行った．すなわち，入力した画像となるべく同じものを出力するようなニューラルネットワークを作成した．

入力と出力が同じニューラルネットワークならば，それこそ「ありのまま」を認識するだけだと思うかもしれない．しかし，ネットワーク内のニューロンがどのような画像に反応するかを調べると，興味深い結果が得られた．ある特定のニューロンだけが強く反応する画像を作成すると，そこには猫の顔が写っていた．すなわち，猫の顔に反応するニューロンができていたのだ．

おそらく 1000 万枚の画像の中には，様々な種類の猫や，様々な姿勢をした猫が写っていただろう．また，どの画像に猫が写っているのかさえ，機械は一切教えられていない．それにもかかわらず，機械はそれらの画像から，私たちが猫と呼ぶものの特徴を抽出し，認識していたのである．

同様に，人間の顔や体に反応するニューロンも作られていたことがわかっている．こうしたニューロン同士の役割分担も，誰に指示されることもなく行われたのだ．これもまた驚くべき結果ではないだろうか．

10.1.2 粗視化との関係

「Google の猫」からわかるように，機械学習で情報の特徴を抽出するには，教師なし学習を用いるとよいようである．ここで，教師なし学習を行うための，最も簡単な 2 層のニューラルネットワークを見てみよう（図 10.1）．

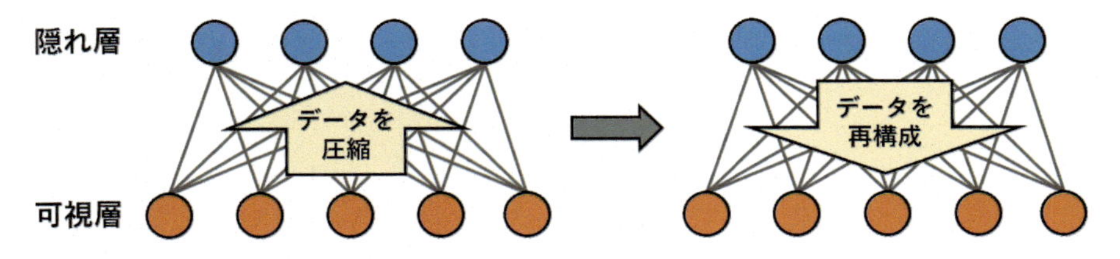

図 10.1 教師なし学習のニューラルネットワーク（概念図．具体的な例は 10.3 節で扱う）．

可視層 (visible layer) に入力されたデータは，**隠れ層** (hidden layer) で一旦圧縮され，再び可視層で復元される．そのようなイメージで捉えるとよいだろう．実際，隠れ層のニューロンの数が無限個でない限り，入力されたデータを完全に復元することはできず，情報が圧縮されることが解析的にわかっている．そして，当然ながらコンピュータ上に作れるニューロンの数は有限個である．

そう考えると，教師なし学習とは要するに，データを圧縮してより少ない自由度で表現することだといえそうだ．これは統計物理学における**粗視化** (coarse-graining) と極めて近い概念である．そのため，機械学習における特徴抽出とは，つまるところ粗視化のようなものだろうと考えられてきた[2)]．

粗視化の例として，ブロックスピン変換が挙げられる (図 10.2)．多数の粒子が格子状に並んでいる系を考えよう．系を 3×3 個ずつのブロックに分け，一つのブロックを一つの粒子で置き換える．置換の前後で，粒子が持つ物理量は適切に関係づけるものとする．そうすると，系の細かい部分は無視しつつも，系全体として大切な情報を保持するような変換を行うことができる．

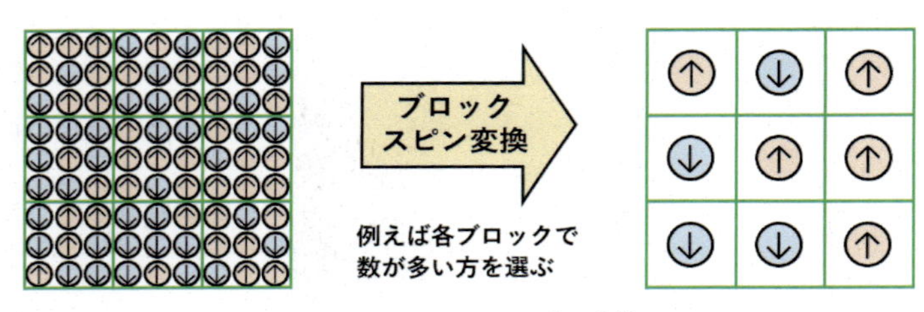

図 **10.2** ブロックスピン変換.

以下では，この粗視化と教師なし学習について論じていこう．ただ一方で，両者は基本的に無関係であり，むしろ教師あり学習の方が粗視化と関係しうるという議論もある[3)]．この結論は今後の研究で明らかになると期待して，今は話を進めることにしよう．

10.2 イジング模型

「Google の猫」と同じように，画像を大量に用意して教師なし学習を行い，それらの画像の特徴を抽出させてみよう．その際，粗視化との関係が議論しやすいように，統計物理学で扱う系の画像を使うことにしよう．

ここでは，**イジング模型** (Ising model) を扱ってみよう．電子のようにスピンが上向きと下向きの 2 状態をとりうる粒子が，格子状に並んだ系を考える．これは磁性体の簡単な模型になっていることが知られている．

イジング模型のハミルトニアン（すなわち，系のエネルギー）は

$$\mathcal{H} = -J \sum_{\langle i,j \rangle} \sigma_i \sigma_j - H \sum_i \sigma_i \tag{10.1}$$

である．スピンが上向きか下向きかに応じて，$\sigma_i = \pm 1$ の値をとる．$\langle i, j \rangle$ は隣接する格子点の組を表している．J は相互作用の強さ，H は外部磁場の強さを表すパラメータである．

10.2.1 スピン配位

ある温度 T におけるスピンの状態（スピン配位）を，実際に求めてみよう．上向きのスピンを白，下向きのスピンを黒とすれば，スピン配位は白黒画像として表すことができる（図 10.3）．このような画像を大量に作成しよう．

図 10.3　スピン配位の例（左から温度 $T = 0, 2, 3, 6$，いずれも磁場 $H = 0$）．

スピン配位を作成するには，メトロポリス法を用いたモンテカルロシミュレーションを行う．すべてのスピンがランダムに $\sigma_i = \pm 1$ を選んだ状態を，初期状態としよう．そして，次の作業を十分な回数だけ繰り返す．

1）一つのスピンをランダムに選び，そのスピンがフリップする ($\sigma_i \to -\sigma_i$) ときの，系のエネルギーの変化 dE_i を計算する．
2）$dE_i \leq 0$ ならば必ず，$dE_i > 0$ ならば確率 $p_i = e^{-dE_i/T}$ で，そのスピンをフリップする．具体的には，区間 $[0, 1)$ で乱数 r を発生させ，$r \leq p_i$ のときのみフリップする（以下，ボルツマン係数 $k_B = 1$ とする）．

こうすれば，カノニカル分布 $\sim e^{-E/T}$ に従うスピン配位が得られる．ここ

で $J > 0$ であれば，低温ほど隣り合うスピンの向きが揃うため，強磁性を示す．また，高温ほどスピンの向きがランダムになり，常磁性を示す．

10.2.2　繰り込み群

次に，イジング模型のスピン配位が粗視化のもとでどのように変化するのか，統計物理学でわかっていることを確認しておこう．

2 次元イジング模型の場合，外部磁場 $H = 0$ であれば解析的に計算することができる．以下では簡単のため，$H = 0$，相互作用係数 $J = 1$ と固定しよう．そうすると，系の変化はすべて温度 T の変化として表現できる．

強磁性と常磁性を移り変わる相転移は $T = T_c = \frac{2}{\sinh^{-1} 1} \simeq 2.27$ で起こり，このときスピン配位は非自明なスケール不変性を持つ．図 10.4 左のように，大小様々なクラスター（スピンの向きが揃った領域）があり，拡大・縮小しても不変な，フラクタル性を持つ配位になるのである．

一方で，これは粗視化をすると最も変化しやすい配位でもある．粗視化を繰り返すと，どんどんクラスターが大きくなりスピンが揃っていくか，あるいはクラスターが小さくなりスピンがランダムになっていく．すなわち，相転移点付近でのスピン配位を粗視化すると，より低温または高温の配位へと変化していくのである（図 10.4 右）．

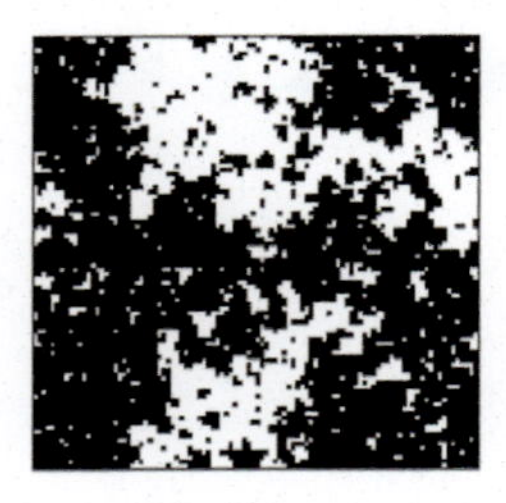

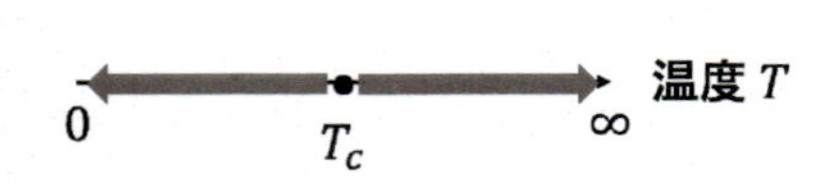

図 10.4　相転移点 T_c でのスピン配位の例（左）／繰り込み群フロー（右）．

こうした粗視化の操作は繰り込み変換と呼ばれ，それを繰り返すことで構成される群を繰り込み群 (renormalization group) という．また，繰り込み群のもとで温度などの物理量が変化していく現象を，繰り込み群フローと呼ぶ．

2 次元イジング模型の繰り込み群フローは，$T = T_c$ から流れ出し，$T = 0, \infty$ に流れ着く．前者は不安定な固定点，後者は安定な固定点と呼ばれる．

10.2.3 温度測定

繰り込み群のもとではスピン配位の温度が変化することから，以下の議論ではその温度を正確に測定することが重要になる．

温度を厳密に測定するには，無限の自由度を持つ系が熱平衡に達した状態を扱う必要がある．しかし，現実には有限サイズのスピン配位しか作成できないため，温度は厳密には定まらず，確率分布を持って広がる．温度をより正確に測定するには，この確率分布の広がりを小さくするため，なるべく多数のスピン配位を集めるとよい．その上で，測定方法を二つ挙げてみよう．

一つは，系のエネルギーや自発磁化 (self-magnetization) から測定する方法である．エネルギーはハミルトニアンの期待値，自発磁化はスピンの和 $\sum_i \sigma_i$ の期待値として計算できる．10.2.1 項で作成したスピン配位を用いて，各温度ごとにエネルギーや自発磁化を計算し，それを温度の関数とみなす．その関数を用いれば，任意のスピン配位が持つエネルギーや自発磁化から温度を測定することができる．

もう一つは，機械学習を用いて測定する方法である．例えば，スピン配位を入力すると，様々な温度の確率を出力するニューラルネットワークを作成する．具体的には，10.2.1 項のスピン配位を入力したとき，正しい温度の確率は 1，それ以外の温度の確率は 0 に近い値が出力されるように，教師あり学習を行う．学習後，任意のスピン配位を入力し，出力された確率を見れば，温度が測定できる．確率が最大となる温度を，測定された温度とみなすのが一般的である．

10.3 機械学習とその結果

それでは，イジング模型のスピン配位の画像を使い，教師なし学習によって特徴抽出させてみよう．機械学習のメソッドとして，**制限ボルツマンマシン** (restricted Boltzmann machine, RBM) を用いることにする．

10.3.1 制限ボルツマンマシン (RBM)

制限ボルツマンマシン（図 10.5）は，入力データそのものというより，入力データの確率分布を学習するメソッドである．スピン配位 σ_i^A を n_A 枚入力して学習するとき，その確率分布は経験分布 $q(v_i) = \frac{1}{n_A}\sum_{A=1}^{n_A}\delta(v_i - \sigma_i^A)$ で定

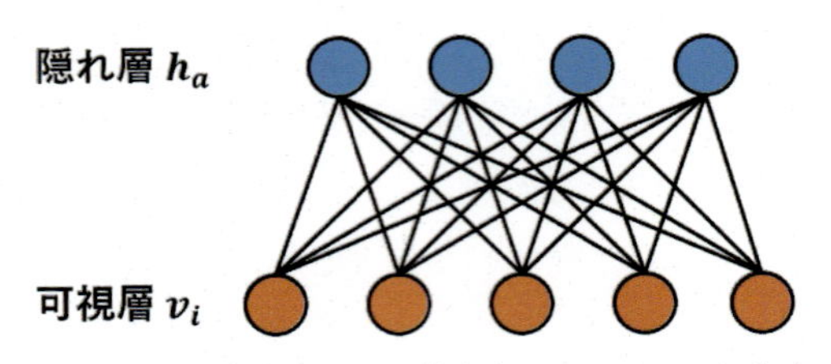

図 **10.5** 制限ボルツマンマシン (RBM).

義される.

このスピン配位 σ_i^A を可視層 v_i に入力したとき，隠れ層 h_a に出力される値の確率分布は，ボルツマン分布を用いて

$$p(h_a) = \sum_{\{v_i\}} \frac{e^{-E(v_i,h_a)}}{\mathcal{Z}} q(v_i) \tag{10.2}$$

と与えられる．スピン配位を考えているため，v_i, h_a がとりうる値は ± 1 のみである．$\{v_i\}$ は v_i がとりうる値のすべての組み合わせを表す．また，$\mathcal{Z} = \sum_{\{v_i\},\{h_a\}} e^{-E(v_i,h_a)}$ は分配関数であり，エネルギー関数として

$$E(v_i, h_a) = -\sum_{i,a} v_i w_{ia} h_a - \sum_i b_i^{(v)} v_i - \sum_a b_a^{(h)} h_a \tag{10.3}$$

が最も単純な候補としてよく使われる．w_{ia} はウェイト，$b_i^{(v)}, b_a^{(h)}$ はバイアスと呼ばれるパラメータである．より高次の項を追加することもでき，例えば v_i, h_a のとりうる値の種類が多い場合には，必要になることもある．

隠れ層 h_a の確率分布が定まれば，その期待値 $\langle h_a \rangle = \tanh(\sum_i v_i w_{ia} + b_a^{(h)})$ を求めたり（各スピン配位の入力 $v_i = \sigma_i^A$ に対して），確率分布に従う具体的な配位 $\{h_a = \pm 1\}$ を作成したりすることができる．そうして得られた h_a の値を入力すると，確率分布 $p(h_a)$ を近似することができるので，今度は可視層に出力される値の確率分布が

$$\tilde{p}(v_i) = \sum_{\{h_a\}} \frac{e^{-E(v_i,h_a)}}{\mathcal{Z}} p(h_a) \tag{10.4}$$

と求められる．この確率分布に従うスピン配位 $\{v_i = \pm 1\}$ を作成すれば，それが RBM によって再構成された配位となる．

この RBM は，入力データの確率分布 $q(v_i)$ と再構成された確率分布 $\tilde{p}(v_i)$ が

近づくように学習を行う．二つの確率分布の間の“距離”を測るのに便利な関数として，**カルバック・ライブラー情報量**（Kullback–Leibler divergence，KL 情報量）

$$\mathrm{KL}(q||\tilde{p}) = \sum_{\{v_i\}} q(v_i) \log \frac{q(v_i)}{\tilde{p}(v_i)} \tag{10.5}$$

が使われる．これは統計物理学における相対エントロピーと同じ関数である．この KL 情報量が 0 に近づくようにウェイト w_{ia} とバイアス $b_i^{(v)}, b_a^{(h)}$ の値を逐次近似によって最適化するのが，RBM の学習なのである．

10.3.2 RBM が作るフロー

いよいよ，RBM が様々な温度のスピン配位を学習したとき，どのような特徴を抽出するのかを見ていこう [*1)]．

まず「Google の猫」のように，隠れ層のニューロンが強く反応する画像を作ってみよう．ここでは簡便な方法として，行列 $\sum_a w_{ia} w_{aj}^T$ の固有ベクトルを見ることにする．図 10.6 に示すように，クラスターの大きな配位に反応するニューロンもあれば，クラスターの小さな配位に反応するニューロンもあり，様々な大きさのクラスターに反応するよう役割分担されていることがわかる．

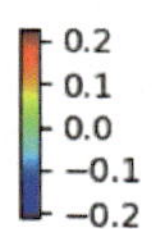

図 **10.6** 各ニューロンが反応する画像（例）．

これだけでは，どのような特徴が抽出されたのかわかりにくいので，さらに具体的に描き出す方法を考えよう．RBM は入力 $q(v_i)$ と出力 $\tilde{p}(v_i)$ を近づけるように学習するのであった．しかし，実際には学習した後であっても，両者はわずかに異なる．すなわち，KL 情報量は厳密には 0 にならない．

では，出力されたスピン配位を再び RBM に入力すると，どうなるであろうか．これまたわずかに異なる確率分布 $\tilde{\tilde{p}}(v_i)$ を持つ配位が出力される．これを

---

*1) 以下，図に示す結果はいずれも，温度 $T = 0, 0.1, \ldots, 5.9$，サイズ 10×10 の 2 次元イジング模型のスピン配位を，各温度 1000 枚ずつ作成し，それらをすべて（計 60000 枚）学習した場合である．RBM の可視層のニューロンは 100 個，隠れ層のニューロンは 49 個とした．

繰り返すと，確率分布のフロー $q(v_i) \to \tilde{p}(v_i) \to \tilde{\tilde{p}}(v_i) \to \cdots$ が得られる．厳密には離散時間の**マルコフ連鎖** (Markov chain) であるが，1 段階ごとの変化はわずかであるとみなして，ここではフローと呼ぶことにしよう．

このフローでは一体何が起きているだろうか．可視層に入力されたデータが隠れ層で圧縮され，また可視層で再構成されると考えれば，圧縮されるときに何らかの情報が落ちるはずである．このとき，RBM が学習して掴んだ特徴の情報は残り，それ以外の情報が一部落ちると考えるのが自然であろう．

ならば，フローすればするほど，RBM が抽出した特徴が強調されることになる．十分にフローさせれば，すなわち再構成を十分な回数だけ繰り返せば，RBM が抽出した特徴そのものを描いたような配位が得られると期待できる．

フローの各段階において確率分布に従うスピン配位を作成し，その温度を測定してみよう．ここでは，10.2.3 項で述べたように，教師あり学習を用いて測定する．すると，図 10.7 のように，配位の温度（の確率分布）が変化していく様子が確認できる *2)．このように RBM の再構成によって物理量が変化していく現象を，**RBM フロー** (RBM flow) と呼ぼう．

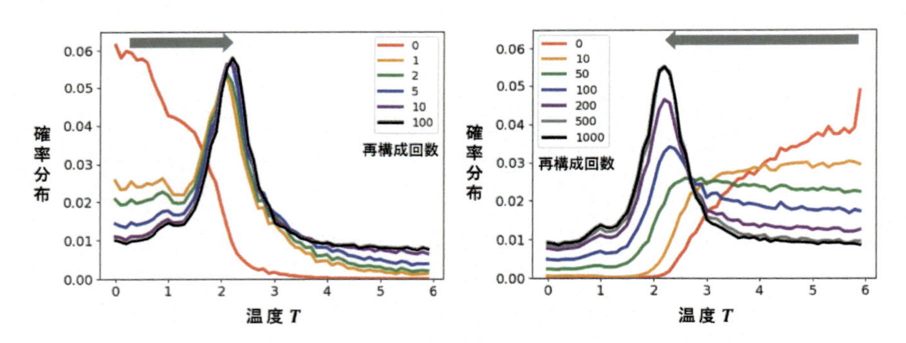

図 10.7　RBM フロー．出発点は $T = 0.0$（左），5.9（右），固定点はいずれも $T = 2.2$．確率が最大となる温度を，測定された温度とみなす（10.2.3 項参照）．

ここで重要なのは，RBM フローが安定な固定点を持つことである．すなわち，どのようなスピン配位から始めても，再構成を十分に繰り返せば決まった温度の配位に行き着くのだ．ただし，固定点を持つのは温度（物理量）であっ

*2)　ここに示す結果は，2 次元イジング模型で外部磁場 $H = 0$ の場合である [4]．外部磁場がある場合や 1 次元イジング模型の結果については，筆者の別の論文を参照されたい [5]．

て，配位そのものが固定されるのではないことに注意しよう．

この固定点は，興味深いことにイジング模型の相転移点 $T_c = 2.27$ 付近に現れる[*3]．そのスピン配位（図 10.4 左）には，図 10.6 で見たような大小様々なクラスターがフラクタルに現れる．これこそが，RBM が抽出した特徴だと考えられる．

相転移点が繰り込み群と密接に関係していることは，すでに 10.2.2 項で見た．したがって，次の 10.4 節では，RBM による特徴抽出と繰り込み群の関係について議論することにしよう．

10.3.3　補 足 と し て

話の流れからは逸れるが，ここで RBM が特定の温度の配位のみを学習した場合について述べておきたい．

この場合，RBM フローの固定点は当然，学習した配位の温度になる．スピン配位は固定されないため，再構成するごとに同じ温度の異なる配位が次々と出力されることになる．このマルコフ連鎖では，1 段階ごとに多数のスピンがフリップするので，特定の温度のスピン配位を大量に作成したいときには有用である．10.2.1 項のように，モンテカルロシミュレーションでスピンを一つずつ選んでフリップするよりも，効率よく配位が作成できるからである．

しかし，これには注意も必要である．この RBM の学習の精度は，相転移点付近では上がりにくいことが知られている．また，深層にすればするほど学習の精度が落ち，出力の確率分布が実際のカノニカル分布から離れていく現象も確認されている[6]．自然画像の場合，深層学習にすると一般に精度が上がるのだが，イジング模型のような統計系の画像には当てはまらないのである．

以上のような特性を知った上で，目的に応じて利用するとよいだろう．

10.4　繰り込み群との関係

話を元に戻そう．本章の目標は，機械学習における特徴抽出と，繰り込み群（粗視化）との関係について考察することであった．

---

*3) 学習したスピン配位の温度範囲には，あまり依存しない．例えば，温度 $T = 0, 0.1, \ldots, 9.9$ の配位を学習しても，固定点は T_c 付近に現れる．他の依存性については研究中である．

RBM フロー（図 10.7）と繰り込み群フロー（図 10.4）を比較してみよう．フローの流れる方向がちょうど逆になっていることがわかるだろう[4)]．RBM が抽出した特徴を強調すると，相転移点付近のフラクタルなスピン配位に近づく．一方，繰り込み変換を行うと，その配位から遠ざかるのである．

外部磁場 H がある場合には，フローの関係はここまで単純ではなくなる[5)]．RBM フローは (T, H) 平面内で，系の比熱 C が極大となる領域 $(\partial C/\partial T)_H = 0$ に近づいていくように流れる．繰り込み群フローとは流れる方向がまったく異なるのである．ただ，相転移点 $(T, H) = (T_c, 0)$ 付近に注目すれば，RBM フローはそこに近づいていき，繰り込み群フローは遠ざかる．この“逆方向”の関係は変わらない．

これは何を意味しているのだろうか．確実なのは，特徴の抽出は粗視化とは異なる，ということである．粗視化とは大雑把に見ることだが，特徴の抽出はむしろ逆に“微視化”することだといえるかもしれない．大小様々なクラスターを持つスピン配位を特徴として抽出したのは，大量の配位を詳細に見た上で，様々な要素をバランスよく取り入れた結果ではなかろうか．そのため，フローが粗視化とは逆方向に流れたのだろう．

以上のように，機械学習の特徴抽出と繰り込み群は，期待されたほど単純な関係ではないことが，筆者の研究で明らかになった．しかし，大いに関係していることもまた確かである．今後はイジング模型にとどまらず，様々な物理学の系に応用することで，この関係をより一般的に議論していくべきであろう．

物質の振る舞いを理解するために役立ってきた繰り込み群の概念が，いわば情報の振る舞いを理解することにも役立つ．ここに筆者は，物理学が持つ懐の深さを感じずにはいられないのである．物理学帝国主義との誇りを免れないかもしれないが，物理学はもはや物質のみの学問ではなく，情報をも含む万物を記述しうる学問体系へと進化していくのではなかろうか．今後ますます多くの研究者が携わり，多種多様な研究が積み重ねられていくことを期待したい．

作業環境

プログラミング言語は Python を使い，スピン配位の作成，温度測定の教師あり学習，RBM による教師なし学習のコードを作成した．
ライブラリについては，教師あり学習のコードで TensorFlow を使ったこともあったが，ほとんどのコードでは使用しなかった．
コードの実行には，筆者が所属する沖縄科学技術大学院大学 (OIST) に設置された High Performance Computing（最大 252.7 TFlops）を使用した．
通常，メモリ 10GB とプロセッサコア 12 個を使って実行した．

[船井正太郎]

文　献

1) Q. V. Le, M. A. Ranzato, R. Monga, M. Devin, K. Chen, G. S. Corrado, J. Dean, and A. Y. Ng, "Building high-level features using large scale unsupervised learning" arXiv:1112.6209 [cs.LG] (2011).
2) P. Mehta and D. J. Schwab, "An exact mapping between the variational renormalization group and deep learning" arXiv:1410.3831 [stat.ML] (2014).
3) H. W. Lin, M. Tegmark, and D. Rolnick, "Why does deep and cheap learning work so well?" J. Stat. Phys., **168**, 1223 (2017).
4) S. Iso, S. Shiba, and S. Yokoo, "Scale-invariant feature extraction of neural network and renormalization group flow" Phys. Rev. E, **97**, 053304 (2018).
5) S. Shiba Funai and D. Giataganas, "Thermodynamics and feature extraction by machine learning" arXiv:1810.08179 [cond-mat.stat-mech] (2018).
6) A. Morningstar and R. G. Melko, "Deep learning the Ising model near criticality" arXiv:1708.04622 [cond-mat.dis-nn] (2017).

第 11 章 量子色力学の符号問題への機械学習的アプローチ

11.1 量子色力学とは何だろうか？

この章では，**量子色力学** (quantum choromodynamics) に現れる**符号問題** (sign problem) への機械学習の適用について議論する．

まず量子色力学とは何だろうか？　我々の住む世界には四つの力が存在することが知られており，それは電磁気力，強い力，弱い力，そして重力である．量子色力学はこの内の**強い力** (strong interaction) を記述すると考えられている基本理論であり，具体的には素粒子であるクォーク間に働く力を記述する．もし強い力がなければ物質はバラバラになってしまう．量子色力学を理解することは，この世界にある物質の性質を理解する上で非常に重要なのである．

量子色力学の持つ面白い性質として**クォークの閉じ込め** (confinement) が存在する．これは，素粒子であるクォークが単独で観測されない実験事実を説明する概念である．量子色力学では，クォークは色という自由度を持っていると考える．もちろんこの色は，光学的な意味での赤や青という色がクォークにあるわけではなく，自由度に便宜上与えられた名前である．そして，我々の世界は「白色となるクォークの組みしか自然界に現れることができない」と考える．これがクォークの閉じ込め現象である．具体的な白色となる組み合わせとして，陽子や中性子のようなバリオンやパイオンのような中間子が存在する．これまでの様々な実験において，人類がクォークを直接観測した事実はないが，その存在は間接的に明らかになっている．

しかし，例えば初期宇宙のような非常に高温の状態や，中性子星中心部の様な非常に密度の高い物質では，クォークが閉じ込めから開放された相があるのではないかという理論的な予測がされている．クォークが閉じ込めから開放された相を**非閉じ込め相** (deconfined phase) と呼び，一方のクォークが閉じ込められた相を**閉じ込め相** (confined phase) と呼ぶ．そして，閉じ込め相から非閉じ込め相への相転移を閉じ込め・非閉じ込め相転移と呼ぶのである．また，閉じ込め・非閉じ込め相転移以外にも，量子色力学の非摂動的な性質に由来するカイラル相転移やカラー超伝導相への相転移など多彩な相転移現象が予測されている．現在の所，これらの相転移の多くはまだ実験的に観測することはできておらず，理論的予想があるだけである．ただし，非閉じ込め相については近年の重イオン加速器実験によりその存在が強く示唆されている．

11.2 符号問題とは何だろうか？

前節を読むと「実験でわかっていなくても（我々は強い力の基本理論を知っているのだから），量子色力学を数値計算で解くことで，どのような相が存在するかわかるのではないか？」という疑問が湧いてくるのではないだろうか．実際，量子色力学は数値計算を用いて解くことができる．これを格子 QCD 計算という．格子 QCD 計算では，時空を格子化して量子色力学をコンピュータ上に載せる．量子色力学は場の量子論であるので，格子化によって本来無限次元である経路積分を有限に近似しても区分求積的に求めることはできない．しかし，確率を利用したモンテカルロ積分の利用が可能である．この手法を用いると，数値計算コストは莫大ではあるが解くことが現実的に可能となる．

ではなぜ現在のところ，格子 QCD 計算を行って量子色力学を解くことで閉じ込め・非閉じ込め相転移やその他の相転移現象の詳細がまだわかっていないのだろうか？　実は，

●問題点

格子 QCD 計算は化学ポテンシャルが 0 の場合は厳密に実行可能である．しかし，0 でない値の場合は，「符号問題」が生じるため信頼できる計算を実行することが困難になる．

という問題があるのである．

符号問題が何であるかを理解するため，量子色力学の大分配関数を見てみよう．その大まかな形は，

$$\mathcal{Z} = \int \mathcal{D}U \ e^{-S}, \quad S \equiv S_{\rm Q} + S_{\rm YM}, \quad S_{\rm Q} = -\ln {\rm Det}\ {\rm D}(\mu) \tag{11.1}$$

である．ここで U はリンク変数と呼ばれるグルーオン場と関係した量（格子上の場の量子論に詳しくない場合は，ただの積分変数と思っても以下の議論を理解する上では差し支えない）であり，$D(\mu)$ はディラック演算子と呼ばれる項である[2)]．$S_{\rm YM}$ は強い力の媒介粒子であるグルーオンからの寄与を表し，S_Q がクォークからの寄与を表す．式中の μ は化学ポテンシャルを表し，クォーク数密度と直接関係する量である．もし $\mu \neq 0$ であれば，S_Q は複素数となる．格子 QCD 計算では，式 (11.1) の被積分関数を確率（ボルツマン因子）として取り扱い，モンテカルロ計算を行うことで様々な物理量の期待値を計算する．しかし，$\mu \neq 0$ ではこの確率が複素数となり確率的な取り扱いを行えなくなる．もちろん，この問題自身は別の確率を導入することで回避することができる．例えば，絶対値をとったもので確率を用意し，

$$\mathcal{Z} = \int \mathcal{D}U \ e^{i\theta}|e^{-S}|, \quad e^{i\theta} \equiv \frac{e^{-S}}{|e^{-S}|} \tag{11.2}$$

と書き直してみよう．つまり絶対値をとった $|e^{-S}|$ で割ってから同じものを掛けているため，これは 1 を代入したことに対応する．そのため，この書き換えを行っても積分結果は不変である．ここで，二つ目の指数関数は絶対値をとっているため実かつ正であり，これを確率としてモンテカルロ計算が可能となる．例えば，ある物理量 $\mathcal{O}$ の期待値はこのとき，

$$\langle \mathcal{O} \rangle = \frac{\int \mathcal{D}U \ \mathcal{O}e^{i\theta}|e^{-S}|}{\int \mathcal{D}U \ e^{i\theta}|e^{-S}|} = \frac{\langle \mathcal{O}e^{i\theta} \rangle}{\langle e^{i\theta} \rangle} \tag{11.3}$$

と計算される．一見すると確率が複素数となる問題は解決され，計算が問題なく実行可能であるように見える．しかし，分母に $\langle e^{i\theta} \rangle$ という項があることに注目してほしい．この項は μ が大きくなっていくと 0 に近づくことが知られており，そのような場合に期待値を計算しようとすると「0 に近い量で 0 に近い量を割って有意な値を出す」という作業を行う必要が出てくる．もちろん，無限の計算資源と無限の時間があれば原理的には計算可能であるが，それは現実的ではない．このような問題を符号問題という．簡単にいえば，被積分関数が

激しい振動を示すときに信頼できる数値積分を実行できない問題であるといえる．符号問題は数値計算上の問題であり物理的な問題ではないが，量子色力学の理解を妨げる非常に大きな障害物なのである．

ここでは量子色力学に現れる符号問題について述べたが，実は符号問題は，物性系など量子色力学以外の多彩な理論にも現れる．そのため符号問題の解決は，量子色力学だけにとどまらず幅広い研究領域に恩恵をもたらしうる研究なのである．

11.3 積分経路の複素化による符号問題へのアプローチ

量子色力学に現れる符号問題を解決するため，これまで様々な方法が提案されてきた[1]．しかし，多くの方法はクォークの化学ポテンシャルが温度より十分小さい限られた領域でしか現実的に適用することができない方法であった．しかし近年，その制限を超えうる手法が提案され，強い注目が集まっている．以下に代表的な三つの手法を挙げる [*1]．一つ目は**複素ランジュバン法** (complex Langevin method) であり，二つ目は**レフシッツ・シンブル法** (Lefschetz thimble method)，そして三つ目が**経路最適化法** (path optimization method) である．面白い点は，上記三つの手法は力学変数（レフシッツ・シンブル法と経路最適化法では積分変数に対応）の複素化を行う点である．以下で順に手法の詳細を見ていこう．各手法で積分経路と配位の分布の模式図を図 11.1 に示しているので，必要に応じて参照していただきたい．

11.3.1 複素ランジュバン法

まず複素ランジュバン法[3,4] の優れた点を挙げておくと，

●複素ランジュバン法の利点

複素ランジュバン法は確率過程量子化法に基礎をおいているため，原理

---

*1) 三つの手法の内，複素ランジュバン法の歴史は古いため「近年」という言葉は語弊があるかもしれない．しかし，最近になって多くの理論的な進歩があったためここでまとめて述べることとした．

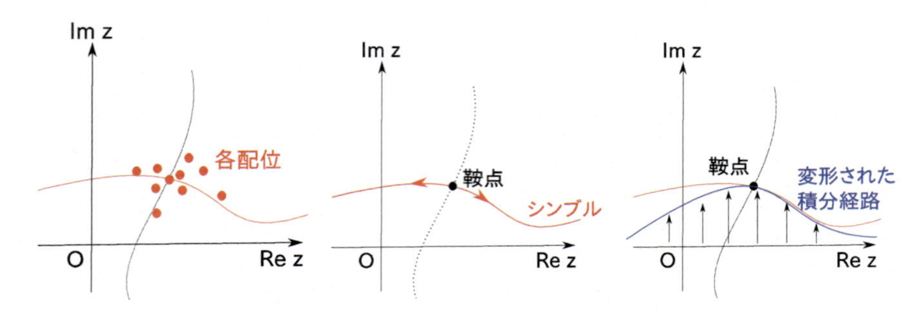

図 11.1　（左図）複素ランジュバン法，（中央図）レフシッツ・シンブル法，（右図）経路最適化法での積分経路と配位の分布の模式図．左図の複数の点はランジュバン方程式で得られる配位を表し，右図の↑は元の積分経路からその方向へ変形したことを表している．中央図で，シンブルと鞍点で直交する線が双対シンブルである．左図と右図ではわかりやすさを考慮して，シンブルと双対シンブルも描いている．

的に符号問題が存在しない．なぜならば符号問題は経路積分法に現れる問題だからである．

という点が挙げられる．では具値的に複素ランジュバン法を見ていこう．まず実ランジュバン法では，

$$\frac{d}{dt}x = -\frac{\partial S}{\partial t} + \eta(t), \tag{11.4}$$

の形のランジュバン方程式を用いて物理量の期待値を計算する．ここで t はランジュバン時間と呼ばれるパラメータ，η は白色（ガウス）ノイズであり，力学変数 $x \in \mathbb{R}$ は多次元でよい．十分大きな t において，x の分布は初期値によらず e^{-S}/Z（Z は分配関数）へと収束することが知られている．つまり，式 (11.4) を数値的に解いて配位を生成し，x の値をサンプルすることで物理量の期待値が計算できるということである．

実ランジュバン法から複素ランジュバン法への拡張は $x \to z \in \mathbb{C}$ で行われる．このとき，η についても複素化してもよいが，計算の収束性が悪くなること，複素化しなくても手法の正当性が失われないことから，多くの場合に実のまま取り扱う．注意点として，複素ランジュバン法には致命的な問題として「間違った解へと収束する場合がある」ことが知られている[5)]．この問題は，配位の複素空間での広がりと関係があり，複素ランジュバン法における最も深刻な

問題である．最近になって，正しい解へ収束しているのか間違った解へ収束しているのかを判定する条件が明らかになった[6]．しかし，間違った解へ収束するような場合に，どのような改善を加えれば正しい解が得られるようになるのかは明らかになっていない．例えば，外場を仮想的に取り入れてその後本来の系へ外挿する手法などが提案されているが，常に使えるわけではない．

11.3.2　レフシッツ・シンブル法

レフシッツ・シンブル法[7〜9]は，勾配流を利用してよりよい積分経路（多様体）を積分変数の複素空間に見つける手法である．具体的には，まず作用の鞍点を見つけ，その鞍点から流れ出る

$$\frac{dz_i}{dt} = \frac{d\overline{S}[\overline{z}]}{d\overline{z}_i}, \qquad \frac{dz_i}{dt} = -\frac{d\overline{S}[\overline{z}]}{d\overline{z}_i}, \tag{11.5}$$

という勾配流を用いて複素積分変数空間に新たな積分経路を構築する．一つの鞍点から流れ出る勾配流の軌跡をレフシッツ・シンブルといい，式 (11.5) の一つ目の勾配流によってこのシンブルが計算される．式 (11.5) の二つ目の勾配流は双対シンブルを決め，この双対シンブルが元の積分経路と交わる場合，同じ鞍点から流れ出るシンブルが積分に寄与することが知られている．シンブルとは指ぬきのことを意味しており，その形と多様体の形との類似から命名されたようである．この勾配流の形は，新しく構築された積分経路上で，

$$\frac{d}{dt}\mathrm{Im}\ S = 0, \qquad \frac{d}{dt}\mathrm{Re}\ S \geq 0, \tag{11.6}$$

という性質を持つように構成されている．つまり，

●レフシッツ・シンブル法の利点

一つの鞍点から流れ出る勾配流の軌跡の上では，作用の虚部は一定でありかつ作用の実部は鞍点から単調に増加していく．符号問題は非積分関数の振動の問題であるので，もし作用の虚部が一定であれば，少なくとも一葉のシンブル上では振動が起こらない．

という利点がある．つまり，理論に含まれるシンブルが一つであれば符号問題は解決するように見える．しかし残念なことに，作用の鞍点は一つとは限らず，複雑な理論では無数の鞍点があることが普通である．一つの鞍点から流れ出る

シンブル上では作用の虚部は一定であるが，異なるシンブル間では一定であるとは限らないため，シンブル間での打ち消し合い（つまり経路積分を実行する際の振動）が発生してしまう．これを**大局的符号問題** (global sign problem) という．また，積分経路の変形においてヤコビアンが現れる．このヤコビアンは一般に複素数となり，**残留符号問題** (residual sign problem) と呼ばれている．

以上のレフシッツ・シンブル法の拡張として，元の積分経路を勾配流を用いて変形していく一般化レフシッツ・シンブル法も提案されている[10)]．この手法は，この後に取り扱う経路最適化法とその思想が似ており，大局的符号問題をある程度改善可能である．また最近，レフシッツ・シンブル法に機械学習を利用する研究も行われている[11)]．シンブルの構築には通常のモンテカルロ計算に比べて，少なくともヤコビアンを数値的に求める際に，$O(N^3)$ の計算コストが余分に必要となるため，配位生成の高速化のため利用されているというわけである [*2)]．この場合は，勾配流を解く通常のレフシッツ・シンブル法である程度の回数配位を生成し，これを教師データとして学習を行う．つまり教師データありの学習である．

11.3.3 経路最適化法

さてここでは，この章の中心的話題である「経路最適化法」[12〜14)] を説明する．これは論文[12)] において，筆者を含む研究グループが提案した手法であり，「符号問題が弱くなるように元の積分経路を拡張された複素空間で変形する」という手法である．一見すると一般化レフシッツ・シンブル法と似ているが，その思想はやや異なり，拡張性の高い手法となっている．具体的な計算の流れは，

ステップ 1　符号問題の厳しさを表現する「目的関数」を用意する．

ステップ 2　変形前の積分経路で目的関数を計算する．

ステップ 3　目的関数が小さくなるように積分経路を変形する．

ステップ 4　十分目的関数が小さくなるまで変形を繰り返す

である．つまり，

---

*2)　ここで N は格子点の総数である．今，格子上の場の量子論を考えているため時空間は格子化されている．

●経路最適化法の利点

積分経路上のキャンセレーションの問題である符号問題を，積分経路の最適化に焼き直すことが重要な点である．このとき，ステップ３の最適化において機械学習の利用が可能となる．

という利点がある．特に，従来のレフシッツ・シンブル法とその一般化された手法では，積分経路の変形は勾配流で基本的に一意に決まってしまう．もちろん，その一意に決まった積分経路上で符号問題が解決されていればよいが，一般にはそうとは限らない．一方の経路最適化法では，積分経路の変形は目的関数を最小化するように行われ，目的関数の改良により多彩な積分経路の変形が可能となる．この点が経路最適化法の拡張性の高さの理由である．

経路最適化法を提唱した論文[12)]では，用いた積分が非常に簡単な１次元積分であったため，機械学習は用いず最適化を行った．しかし非常に大きい自由度で記述される積分の最適化では，推論精度と汎化性能の両方が求められる．つまり，機械学習を用いるメリットが大きいということになる．この場合，正しい経路は事前にはわからないため教師データなしの学習（の亜種）に対応する．論文[13, 14)]で実際に経路最適化法に機械学習が利用され，その有用性が示されている．

この手法を使う場合に気をつけなければならない問題として，コーシー（–ポアンカレ）の定理が満たされているかということがある．もし，積分に極があり，その極を積分経路の変形の過程でまたいでしまっては答えに違いが出かねない．また積分の端の寄与が０になっていることも，変形された積分経路と元の積分経路で計算結果が変わらないことを保証するために必要である．

文章だけでは分わかりづらいと思うので，ここからは実際の最適化の過程を図も用いて見ていこう．

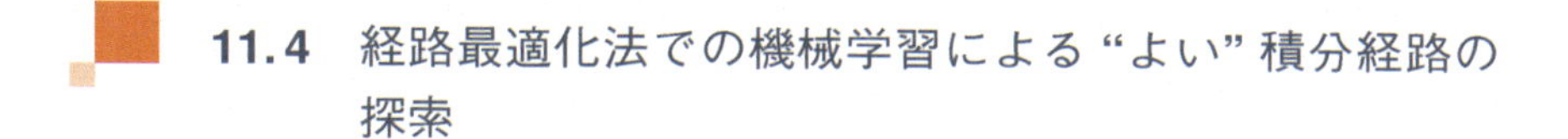

11.4　経路最適化法での機械学習による“よい”積分経路の探索

最適化では符号問題の強弱を判定する指標が必要であり，単純には平均位相

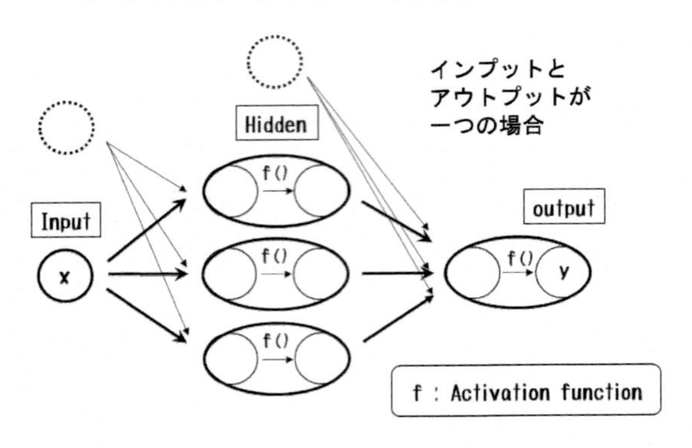

図 11.2　用いたニューラルネットワークの模式図. インプットとアウトプットは簡単のため一つとした.

因子でよい. しかし, 最適化の効率を上げるためにはもっと複雑な関数を使う方がよいと考えられる. そこで論文[13)]では, 平均位相因子の寄与だけでなく積分経路が鞍点（最も積分に効く点）から離れるほど最急降下となるように, つまり積分に影響がなくなるような関数を用意した. 具体的な関数形は論文を参照されたい. この関数を「目的関数」として用い, この関数の値が可能な限り小さくなる積分経路を探索するわけである. さて, 実際の最適化では 3 層のニューラルネットワークを用いた. 具体的なニューラルネットワークの構成は図 11.2 のようになっており, 積分変数の実部が入力, 対応する虚部が出力である. つまり最終的な積分経路は実部を媒介変数 (t_i) として,

$$\begin{aligned} &\text{入力}: t_i \to y_i^{(1)} = f(w_i^{(1)} t_i + b_i^{(1)}) \to y_i^{(2)} = f(w_i^{(2)} y_i^{(1)} + b_i^{(2)}) \\ &\to \text{出力}: z_i = t_i + (w_i^{(3)} f(y_i^{(2)}) + b_i^{(3)}), \end{aligned} \tag{11.7}$$

と表される. ここで, $w_i^{(j)}$ と $b_i^{(j)}$ はそれぞれ各層でのパラメータ（ウェイトとバイアス）であり, $f(\cdot) = \tanh(\cdot)$ は活性化関数として用いた双曲線関数である. この場合, 積分経路上で虚部を得る操作は実部の虚部への全射

$$\mathrm{Re}(z_i) \twoheadrightarrow \mathrm{Im}(z_i), \tag{11.8}$$

に対応する. ニューラルネットワーク内のパラメータ（ウェイトとバイアス）は, 目的関数の微分を利用する誤差逆伝播法により決めた.

図 11.3 は積分経路の最適化過程のスナップショットである. 積分には,

$$\int dx\ (x + i\alpha)^p \exp\Big(-\frac{x^2}{2}\Big) = \int dx\ \exp\Big[-\frac{x^2}{2} + \ln(x + i\alpha)^p\Big], \tag{11.9}$$

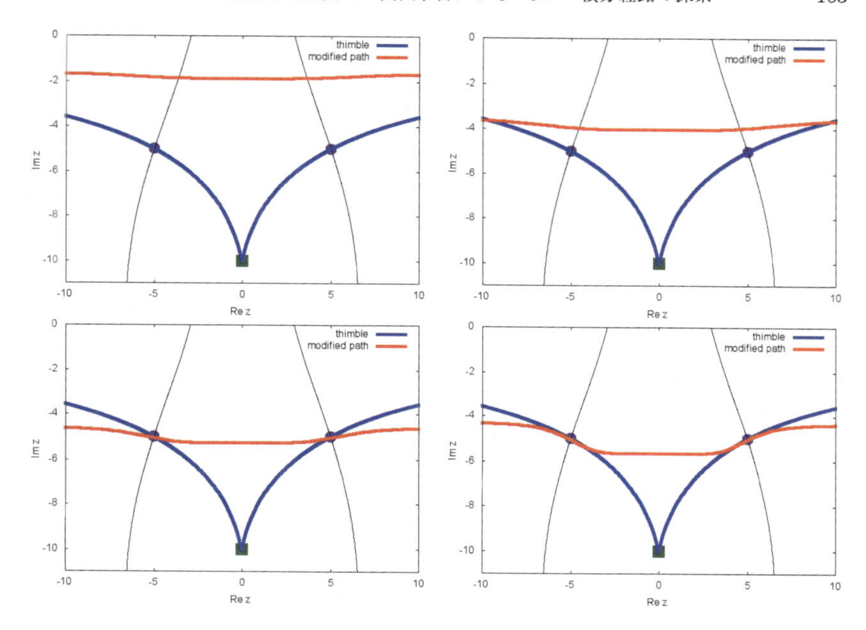

図 **11.3** 積分経路の最適化過程のスナップショット．左上から順に右下へ向かって最適化が進んでいる．

を用いた．ここで，α と p はパラメータであり，$\alpha = 10$ と $p = 50$ とした．この積分には厳しい符号問題が存在し，あるパラメータ領域では複素ランジュバン法が間違った結果を与えることが知られている．実際，ここで用いたパラメータで複素ランジュバン法は正しい解を与えない．この積分に対して，最適化を繰り返し行い，十分目的関数が小さくなったときに計算を止めることを行う．図には参考のためレフシッツ・シンブル法で求めた積分経路（青線）と，その最も積分に効く鞍点（●印）を載せている．紫の■印は分配関数が 0 となる特殊な点である．今の目的関数の特性により，鞍点近傍では経路最適化法とレフシッツ・シンブル法で得られる積分経路は一致する．一方，鞍点から離れると積分への寄与が急激に減少することにより，二つの手法での積分経路はずれていく．

ここで説明した経路最適化法は，ϕ^4 理論[13) や簡単化された QCD の有効模型[14) にすでに適用され，その有用性が示されている．現在，低次元の QCD への経路最適化法の適用を進めており，近い将来，さらなる進展が期待できる手法であることを述べておきたい.

11.5 まとめと展望

本章では量子色力学に現れる符号問題に対する機械学習的アプローチについて述べてきた．特に，機械学習を利用した経路最適化法について解説し，それらを用いた具体的な符号問題解決の道筋を示したつもりである．ただし，ここまではよい点だけを述べてきたが，もちろん問題も存在する．符号問題が解決したと思うのはあまりにも早計である．以下に問題点をまとめる．

経路最適化法での最も大きな問題は，レフシッツ・シンブル法と同様にヤコビアンの計算が必要となり $O(N^3)$ の余分な計算コストが発生する点である．量子色力学を数値計算するには時空間をまず格子化して，その上に場を考える．$O(N^3)$ のコストのない通常の格子 QCD 計算ですら，非常に大きな計算資源を要求することを考えると，「格子点の合計の数の 3 乗」はあまりにも計算コストとして重すぎるのである．この点に関しては，最近接の格子点間のみ相関するとしてヤコビアンを簡略することで，計算精度を保ちつつ計算コストを劇的に減らせるのではないかという示唆が得られており，今後の発展が待たれるところである．また，符号問題は系の体積，つまり格子点の数が増えるとより厳しくなる．その悪化の度合いは指数関数的である．そのため，積分経路の最適化によってその指数関数的悪化が抑えられなければ実際上は符号問題を解くことはできない．もちろん，ある程度の体積まで適用できれば外挿することで無限体積での結果を引き出せるかもしれないが，どこまでの体積が必要かは今のところわかっていない．

以上の問題が実際に解決可能であるかは，実際に QCD に適用してみなければわからない．現在世界各地で，複素ランジュバン法やレフシッツ・シンブル法，そして経路最適化法の QCD への適用（を目指した）研究が進行している．これから数年すると非常にエキサイティングな結果が出てくるかもしれない．是非注目していていただきたい．

最後に共同研究者である森勇登氏（京都大学理学部）と大西明氏（京都大学基礎物理学研究所）への謝辞を述べ，本章を終える．

作業環境

本章の計算結果は，Fortran90を用いたプログラムにより計算された．積分経路の変形において必要となるヤコビアンの計算では，LAPACK（Linear Algebra PACKage) を利用した．

［柏　浩司］

文　献

1) 例えば，P. de Forcrand, "Simulating QCD at finite density" PoS LAT, **2009**, 010 (2009).
2) ディラック演算子の具体的な表式は重要でないため割愛しているが，興味がある場合は，例えば，青木慎也『格子上の場の理論』シュプリンガー・ジャパン（2005）を参照.
3) G. Parisi and Y. S. Wu, "Perturbation theory without gauge fixing" Sci. Sin., **24**, 483 (1981).
4) G. Parisi, "On complex probabilities" Phys. Lett., **131B**, 393 (1983).
5) G. Aarts, F. A. James, E. Seiler, and I. O. Stamatescu, "Complex Langevin: Etiology and diagnostics of its main problem" Eur. Phys. J. C, **71**, 1756 (2011).
6) J. Nishimura and S. Shimasaki, "New insights into the problem with a singular drift term in the complex Langevin method" Phys. Rev. D, **92** (1), 011501 (2015).
7) E. Witten, "Analytic continuation of Chern-Simons theory" AMS/IP Stud. Adv. Math., **50**, 347–446(2011).
8) M. Cristoforetti, F. Di Renzo, and L. Scorzato(AuroraScience Collaboration), "New approach to the sign problem in quantum field theories: High density QCD on a Lefschetz thimble", Phys. Rev. D, **86**, 074506 (2012).
9) H. Fujii, D. Honda, M. Kato, Y. Kikukawa, S. Komatsu, and T. Sano, "Hybrid Monte Carlo on Lefschetz thimbles: A study of the residual sign problem" JHEP, **1310**, 147 (2013).
10) A. Alexandru, G. Basar, P. F. Bedaque, G. W. Ridgway, and N. C. Warrington, "Monte Carlo calculations of the finite density Thirring model" Phys. Rev. D, **95** (1), 014502 (2017).
11) A. Alexandru, P. F. Bedaque, H. Lamm, and S. Lawrence, "Deep learning beyond Lefschetz thimbles" Phys. Rev. D, **96** (9), 094505 (2017).
12) Y. Mori, K. Kashiwa, and A. Ohnishi, "Toward solving the sign problem with path optimization method" Phys. Rev. D, **96** (11), 111501 (2017).
13) Y. Mori, K. Kashiwa, and A. Ohnishi, "Application of a neural network to the sign problem via the path optimization method" PTEP, **2018** (2), 023B04

(2018).
14) K. Kashiwa, Y. Mori and A. Ohnishi, “Controlling the model sign problem via the path optimization method: Monte Carlo approach to a QCD effective model with Polyakov loop” Phys. Rev. D, **99**(1), 014033 (2019).

第 12 章

格子場の理論と機械学習

この章では機械学習を素粒子理論物理における格子場の理論に応用した研究について説明する．

12.1 格子場の理論と格子 QCD，モンテカルロ

格子場の理論を説明するために，まず場の量子論という分野について外観を説明する [*1)]．量子力学を用いるとミクロな世界を記述することができるが，原子核より小さいスケールでは特殊相対論の効果が無視できなくなってくる．特殊相対論と量子力学をあわせて考える場合，粒子と反粒子の対生成と対消滅の過程をすべて含めて考えなければならない．そういった場合には，無限自由度を取り扱える多体の量子論的な枠組みが必要で，それが場の量子論である．場の量子論は下記のような困難があるが，相互作用が小さい極限での近似計算（摂動論）を用いると，場の量子論の一つの応用である素粒子標準模型と実験の一致を見ることができる．場の量子論は，無限自由度を内在するため，中間状態の足し上げから発散が出てしまう．この発散は，結合定数などの再定義で矛盾なく結果から消去 [*2)] でき，精細な結果を与える．一方で定式化という面では，発散が計算する前から理論に内在されているというのは満足できない．場の量子論の様々な定式化の中で**格子場の理論**[2)]という定式化を用いると，数学的にうまく定義できる [*3)]．格子場の理論を用いると，場の量子論の計算を摂動などの近似なしに数値的に行えるため，素粒子・原子核実験の解釈などに役立てられてい

---

*1)　本章では自然単位系 $c = \hbar = k_{\mathrm{B}} = 1$ をとる．

*2)　いわゆる繰り込みと呼ばれる操作である．

*3)　格子上の場の理論について詳しく知りたい読者は，文献[3)] を参照するとよい．

る．そこでは，メトロポリス法[9]の一種であるHMC法(hybrid/Hamiltonian Monte Carlo)[8]が用いられるが，後述する自己相関問題がある[1]．筆者達の研究は自己相関問題の緩和を目的としたものである．

12.1.1 格子場の理論と格子QCD

この小節では，古典的な場の理論から始めて，場の量子論の一種である格子場の理論を駆け足で説明する．簡単のために，まず相対論的な古典スカラー場の理論を考える．古典的なスカラー場の配位は，クライン・ゴルドン方程式を解くことで決定された．そのクライン・ゴルドン方程式は，解析力学の知識を使うと以下の作用の変分から求まる．

$$S_{\mathrm{free}}[\phi] = \int d^4x\phi(x)\left(\frac{1}{2}\sum_{\mu}\partial_\mu\partial_\mu - \frac{1}{2}m^2\right)\phi(x). \tag{12.1}$$

ここで，$\sum_\mu = \sum_{\mu=x,y,z,t}$ である．また m^2 は，量子化した後に粒子の質量として解釈される実数パラメータ，$\phi(x) = \phi(x,y,z,t)$ は古典的なスカラー場である．さて，場の量子論へ行くには，場を量子化する必要がある．格子場の理論でよく使われているのは，**経路積分量子化**である．

場の量子論も量子力学の一種であるので，物理量は期待値として求まる．経路積分の導出は，他の教科書に譲ることにして，場 $\phi(x)$ に依存した物理量 $O[\phi]$ の経路積分の結果 *4) は以下のようになる．

$$\langle O[\phi]\rangle \equiv \int\mathcal{D}\phi\, O[\phi]P_{\mathrm{QFT}}(\phi), \tag{12.2}$$

$$P_{\mathrm{QFT}}(\phi) \equiv \frac{1}{Z}e^{-S[\phi]}. \tag{12.3}$$

ここで $S[\phi] = S_{\mathrm{free}}[\phi]$，$\mathcal{D}\phi$ は，経路積分の積分測度 $\mathcal{D}\phi \equiv \prod_{x\in\mathbb{R}}\prod_{y\in\mathbb{R}}\prod_{z\in\mathbb{R}}\prod_{t\in\mathbb{R}} d\phi(x,y,z,t)$ で，以下で少し考察する．また $P_{\mathrm{QFT}}(\phi)$ は，ある場の配位 ϕ が実現する確率に対応する．Z は確率 $P_{\mathrm{QFT}}(\phi)$ の合計が1を超えないようにするために導入された規格化定数で，$\langle 1\rangle = 1$ となるように導入した．統計力学を学習済みの読者の方はお気づきだろうが，場の量子論は，形式

---

*4) 詳細になるが，ここではユークリッド(Euclid)経路積分を採用している．またこのとき，時間変数 t を虚時間に置き換えている．ハミルトニアンの固有値などの情報は，ユークリッド経路積分でも変化しない．

的には古典統計力学とよく似ている．作用の極値は，古典運動方程式であるクライン・ゴルドン方程式になるというのは，経路積分のうちで，$\hbar$ が小さいときに支配的になる配位が古典配位になることに対応している．

ここで経路積分の積分測度に着目してみる．すると，総乗が連続無限個の積なっているのがわかる．これが「場の量子論がうまく定義できていない」といわれる原因の一つになっている．連続無限個の総乗というのは，よくわからないのでなんとかできないか．これを解決するのが格子場の理論である．場を離散時空点の上だけで，つまり格子点の上だけで定義することを考える．格子間隔を a [fm] とすると，作用の中の微分項は，

$$\sum_{\mu} \partial_\mu \partial_\mu \phi(x) \to \frac{1}{2a^2} \sum_{\mu} (\phi(an + a\hat{\mu}) + \phi(an - a\hat{\mu}) - 2\phi(an)) \tag{12.4}$$

と差分に置き換えられる．ここで $n = (n_x, n_y, n_z, n_t)$，$n_\mu = 1, 2, 3, ...$，$\mu = x, y, z, t$ そして $\hat{\mu}$ は μ 方向の単位ベクトルである．ここで，質量項 $m^2\phi^2$ は変更を受けないことに注意せよ [*5]．また，有限体積 (L_x, L_y, L_z, L_t) で考えると，積分測度も正則化され，$\mathcal{D}\phi \equiv \prod_{x\in[1,L_x]} \prod_{y\in[1,L_y]} \prod_{z\in[1,L_z]} \prod_{t\in[1,L_t]} d\phi(x, y, z, t)$ となる．ただし $[1, L_\mu]$ は，区間中の整数である点を表すことにする．この積分は，高々有限次元の多重積分であり，数学的な意味で積分が定義されている．元の理論に戻りたければ，計算の後に $a \to 0$ の極限をとればよい [*6]．

量子化の後に粒子は，場 $\phi(x)$ の励起（エネルギーが最低である状態からの微小なずれ）として出現する．場の量子論においては，作用の中の場同士の 2 次以下の項は，粒子の伝搬を表し，高次の項は，相互作用として理解される．ここでは，

$$S_{\text{full}} = S_{\text{free}} + \int d^4x \frac{\lambda}{4!} \phi^4(x) \tag{12.5}$$

という形の作用とって式 (12.3) の中で $S = S_{\text{full}}$ とすると，相互作用の入った場の量子論になる．これを ϕ^4 理論と呼ぶ．高エネルギー系の大学院の授業などでは，連続時空の場の理論で λ が小さいと思って式 (12.3) をテイラー展開し

[*5] 格子上の場の量子論から連続理論の結果を取り出す手法については，繰り込み群の理解が必要となる．ここでの本題と外れるので専門書を参照せよ．

[*6] このとき，再び繰り込みの処理が必要となる．詳細は，文献[3] などを参照せよ．

て式 (12.2) を評価するという近似計算を習うことになる（摂動論）．格子場の理論を次節で説明するモンテカルロ法を組み合わせると非摂動論的に期待値を評価することができる．

格子場の理論で最も成功している格子 QCD(quantum chromo-dynamics) について少し説明しておく．陽子や中性子は，スピン 1/2 の粒子であるクォークとスピン 1 の粒子であるグルーオンから構成されていることがわかっている．クォークは，ディラック方程式，グルーオンは，マクスウェル方程式を一般化したヤン・ミルズ方程式で記述される．これらの方程式に対応する作用を格子上に乗せたものが格子 QCD である．格子 QCD をモンテカルロ法とあわせると様々な物理量を計算することができる．格子 QCD で計算される物理量と高エネルギー加速器研究機構 (KEK) などで行われている小林・益川理論の精密測定を組み合わせると，素粒子標準理論と実験のずれを精密に調べることができ，標準理論を超えた物理への足がかりとなっている．もし効率のよい格子 QCD の計算法を見つければそれらの役にも立つ．

12.1.2 ハイブリッドモンテカルロ法

ここでは，筆者らの研究にも使われているハイブリッドモンテカルロ法（hybrid Monte Carlo，HMC 法）について見ていく [*7)]．HMC 法は格子場の理論の確率分布に従う配位の生成などに使われる一般的なアルゴリズムである．HMC 法は，一種のメトロポリス法ともみなせるのでそれに沿って説明する [*8)]．まず，式 (12.2) から基礎となる表式を導出する．式 (12.3) を代入し，ガウス積分

$$\mathrm{Const} = \int \mathcal{D}\pi e^{-\sum_n \frac{1}{2}\pi_n^2}$$

を分母と分子に挿入する．ここで測度は，格子上で定義されて，$\pi_n \in \mathbb{R}$ かつ n は格子点である．導出は，下記の通りである．分母と分子に補助場 π_n のガウ

---

*7) 機械学習において HMC 法は，Hamiltonian Monte Carlo の略語とされるが同じものである．HMC 法は後述するように，（クォークの対生成・対消滅する過程を取り入れた）格子 QCD のために開発されたものである．よい発明品は，分野を超えて使用されるという好例になっている．

*8) もしクォークの対生成・対消滅プロセスを無視する場合は熱浴法（機械学習の文脈でいうギブスサンプラー）が標準的なアルゴリズムである．

ス積分を挿入する．

$$\langle O[\phi]\rangle = \int \mathcal{D}\phi\mathcal{D}\pi\ O[\phi]e^{-S[\phi]-\sum_n \frac{1}{2}\pi_n^2} \Big/ \int \mathcal{D}\phi\mathcal{D}\pi\ e^{-S[\phi]-\sum_n \frac{1}{2}\pi_n^2}, \tag{12.6}$$

$$= \int \mathcal{D}\phi\mathcal{D}\pi\ O[\phi]e^{-H_{\mathrm{HMC}}[\phi,\pi]} \Big/ \int \mathcal{D}\phi\mathcal{D}\pi\ e^{-H_{\mathrm{HMC}}[\phi,\pi]}. \tag{12.7}$$

このようにすると，形式的にハミルトニアンを導入することができる．ここで $H_{\mathrm{HMC}}[\phi,\pi] = \sum_n \frac{1}{2}\pi_n^2 + S[\phi]$ と置いた．これは，HMC ハミルトニアンと呼ばれる．この表式を見ると，4 次元格子 時空 上の場の理論が仮想的な 4 次元格子 空間 上の平衡古典統計系のカノニカルアンサンブルとして見える．つまり，時間を加えると仮想的な 5 次元の系になる．HMC 法はこの視点を使う．

メトロポリス法において受け入れ率は，更新前後のエネルギー関数の差によって決まっていた．今の仮想系にメトロポリス法を適応すると，HMC ハミルトニアンの差 dH で受け入れ率が決定される．運動方程式の解はエネルギーを保存するのでこれを用いるとハミルトニアンの差を小さく保ちながら，場の配位を変更できそうである．しかし，HMC ハミルトニアンに対する運動方程式は一般に非線形で数値的に解くしかない．さらに，HMC 法の収束性の条件から，時間反転対称な数値アルゴリズムしか許されない．幸運なことに，「時間反転対称なシンプレクティック積分法」というものを用いると，時間反転対称に，運動方程式を数値的に解くことができる[10]．しかしながら，シンプレクティック積分法は，ハミルトニアンの値を少しずらしてしまうことが知られている [*9]．なのでこのとき一般に運動方程式の初期配位と時間発展後のハミルトニアン差 dH は，0 にならない．このような事情はあるが，シンプレクティック積分法がハミルトニアンをある程度保存するため，高い受け入れ率を保証することができる．HMC 法の手順をまとめると以下のようになる [*10]．

1) 初期配位 ϕ を用意する．
2) $\phi_{\mathrm{old}} = \phi$ と呼び直しておく．
3) 仮想運動量場 $\pi = \pi_n$ をガウス分布からサンプルする．
4) 配位 ϕ_{old}, π に対して $H_{\mathrm{HMC}}^{\mathrm{old}} = \sum_n \frac{1}{2}\pi_n^2 + S_{\mathrm{old}}$ を計算する．
5) 配位 ϕ_{old} と仮想運動量場 π を，H_{HMC} から導かれる運動方程式を時間

*9) 元の系のハミルトニアンの代わりに，Shadow ハミルトニアンという量が保存する．

*10) 本章では，熱化時間 (thermalization time, burn-in time) について触れていないが実際にはそれを考慮する必要がある．詳細は，文献[3,4] などを参照せよ．

対称シンプレクティック積分法によって積分し，$\phi_{\rm can}, \pi_{\rm can}$ を作る．

6）配位 $\phi_{\rm can}, \pi_{\rm can}$ に対して $H^{\rm can}_{\rm HMC}$ を計算する．

7）$dH = H^{\rm can}_{\rm HMC} - H^{\rm old}_{\rm HMC}$ を計算する．

8）もし $dH < 0$ なら $\phi_{\rm can}$ を次のサンプル ϕ とし，2 に戻る ("受け入れ")．もし $dH \geq 0$ なら 9) に進む．

9）ξ を $[0,1]$ に含まれる実一様乱数として，生成する．もし $\xi < \exp(-dH)$ を満たすなら $\phi_{\rm can}$ を次のサンプル ϕ とし，2 に戻る ("受け入れ")．

10）$\phi_{\rm old}$ を次のサンプル ϕ とし，2 に戻る ("棄却")．

a.　自己相関問題

研究の動機となった**自己相関問題**について説明しよう．HMC 法などのマルコフ連鎖モンテカルロ法（MCMC 法）で場の配位 $\phi^{(1)}, \phi^{(2)}, \phi^{(3)}, ..., \phi^{(N)}$ を生成し，その配位を用いた物理量の列 $O_j = O[\phi^{(j)}]$ が得られたとする．このとき，物理量の期待値は，

$$\langle O[\phi] \rangle = \overline{O} + \mathcal{O}\left(\frac{1}{\sqrt{N}}\right) \tag{12.8}$$

と見積もられる．ここでモンテカルロ法での平均 $\overline{O}$ を

$$\overline{O} = \frac{1}{N}\sum_{j=1}^{N} O_j \tag{12.9}$$

と置いた．統計誤差は，例えば，

$$\delta O|_{\rm naive} = \sqrt{\frac{\overline{O^2} - \overline{O}^2}{N-1}} \tag{12.10}$$

のように見積もられ，$\langle O[\phi] \rangle = \overline{O} \pm \delta O$ のように書かれる．しかしこの誤差の評価は，サンプリングが毎回独立に経路積分の分布 $P_{\rm QFT}(\phi)$ から行われているなら正しいのであるが，マルコフ連鎖を用いている以上，独立なサンプリングを行っておらず，これは完全には正しくない．評価を正確にするには，**自己相関時間**という概念が必要となる．まず自己相関関数を導入する．

$$C(\tau) = \frac{1}{N-\tau}\sum_{j=1}^{N-\tau}(O_{j+\tau} - \overline{O})(O_j - \overline{O}), \;\; \rho(\tau) = C(\tau)/C(0). \tag{12.11}$$

ここで τ は $0 \leq \tau < N$ を満たす整数である．この $\rho(\tau)$ を（規格化した）自己相関関数と呼び，「物理量がどれくらい離れたサンプリング点のときに独立だと思

えるか」を示すものとなっている*11)．一般的に，大きな N をとったときには，指数的に減衰することが知られている．ここから，自己相関時間 τ_{int} *12) は，

$$\tau_{\mathrm{int}} = \frac{1}{2} + \sum_{\tau=0}^{\Lambda} \rho(\tau) \tag{12.12}$$

と見積もることができる．ここで Λ は $0 \ll \Lambda \ll N$ を満たす整数である．全く相関がないときには，$\tau_{\mathrm{int}} = 1/2$ を満たす．この自己相関時間 τ_{int} がわかると，統計誤差は，

$$\delta O|_{\mathrm{corr}} = \sqrt{\frac{\overline{O^2} - \overline{O}^2}{N/(2\tau_{\mathrm{int}}) - 1}} \tag{12.13}$$

と補正される．この表式が示すことは，有効な配位の数が，N から $N/(2\tau_{\mathrm{int}})$ となっていることである．一般に $\tau_{\mathrm{int}} > 1/2$ なので，$N/(2\tau_{\mathrm{int}}) < N$ である．つまり独立とみなせる有効配位数は，実際に生成した配位数よりも自己相関時間の分だけ少なくなる．自己相関時間は，更新アルゴリズムに依存した概念なので，もしよりよいアルゴリズムを構築できれば，単位時間あたりに作れる有効な配位の数を増やすことができるわけである[4]．筆者らの研究は，自己相関の短縮を機械学習を用いて行った研究である．

12.2 制限ボルツマンマシン

ここでは，制限ボルツマンマシンについて説明する．制限ボルツマンマシンは，生成模型 (generative models) と呼ばれる機械学習の枠組みの一つである．ニューラルネットワークが画像とラベルの間などに決定論的に写像を決めるのに対して，生成模型は，画像を生み出している確率分布自体を適当にパラメータ付けされた確率分布を用いて模倣するものである．

統計力学を学んだことのある読者は，「パラメータ付けされた確率分布」になじみがあるだろう．例えばイジング模型の配位の確率分布である．それは以下のように書かれる．

*11) 正確には，自己相関関数の推定量となっている．

*12) τ_{int} は本当は積分自己相関時間と呼ばれる量である．違いについては，文献[4]を参照されたい．

$$P_{\rm Ising}(\sigma) = \frac{1}{Z}e^{-H[\sigma]}. \tag{12.14}$$

ただしここでは逆温度 β は，ハミルトニアン H の定義の中に吸収した．ハミルトニアンは，

$$H[\sigma] = K \sum_{<i,j>} \sigma_i \sigma_j - \sum_i B\sigma_i \tag{12.15}$$

と書ける．ここで $<i,j>$ は，最近接を表す記号で，$K = \beta J$ で J は結合定数である．B は外部磁場である．σ_i は $\sigma_i = \pm 1$ というスピン変数である．物理では，与えられた逆温度 β に対して σ の空間平均の $P_{\rm Ising}(\sigma)$ のもとでの期待値を求めることが問題となる．一方で逆の問題を考えることもできる．イジング模型のある温度における配位 $\{\sigma_i\}$ がたくさん与えられたとする．その温度（に対応した還元した結合定数 K）を決めたいというのは典型的な課題である．

さてイジング模型を拡張すると，機械学習の文脈で現れる模型のハミルトニアンになる．交換相互作用 K を位置に依存させて $-k_{ij}$ と置き，また座標依存な磁場をかけた模型を考える．そのときのハミルトニアンは，

$$H[\sigma] = -\sum_{i,j} k_{i,j}\sigma_i \sigma_j - \sum_i B_i \sigma_i \tag{12.16}$$

となる．これをホップフィールド模型[6)][*13)] のハミルトニアンと呼ぶ．通常の統計力学の模型としてのイジング模型は，逆温度 β と外部磁場 B を与え，モンテカルロ法を用いることにより，配位の列を生成し，物理量の統計平均をとった．一方で機械学習での模型は，配位にあたる σ の列（例えば画像の集合など）をデータセットとして与え，それを再現する $k_{i,j}$ と B_i を最適化によって決める．もし 100% 再現できることができたならば，原理的には任意の画像を思うがままに生成することができることになるわけである．

ここから，隠れ層ありのボルツマンマシン[5)] へ話を移す．ホップフィールド模型でのスピン σ を後の目的のために 2 種類にし，v と h と呼ぶことにする．2 種のスピンの間に相互作用も考える．そして v を与えられた配位や画像データなどの外部データと対応させる．このとき v は可視層，h は隠れ層と呼ばれ，この模型は，隠れ層 1 層のボルツマンマシンと呼ばれる．このときのハミルト

---

*13)　実際は，学習規則や結合定数に条件があるがここでは触れない．

ニアンは,

$$H_{\rm BM}[v,h]$$
$$= -\sum_{i,j} k_{i,j} v_i v_j - \sum_i b_i v_i - \sum_{i,j} g_{i,j} h_i h_j - \sum_i c_i h_i - \sum_{i,j} w_{i,j} v_i h_j$$

と書ける. v_i のみの有効ハミルトニアンは,

$$H_{\rm BM}[v] = -\log\left[\sum_{\{h=\pm 1\}} e^{-H_{\rm BM}[v,h]}\right] \tag{12.17}$$

から得られる. 原理的にはトレーニングの後, $H_{\rm BM}[v]$ を用いた分布からサンプリングすればデータセットと同じ性質を持ったデータが生成される. しかしながら, パラメータ $k_{i,j}$, $g_{i,j}$, $w_{i,j}$, b_i, c_i の最適化には, 長い時間がかかってしまうことが知られている. ここで大胆にも $k_{i,j} = g_{i,j} = 0$ とする. このときには, 確率分布が積の形で書け, 最適化を著しく簡略化することができる *14). この模型を制限ボルツマンマシン (restricted Boltzmann machine, RBM) といい, そのハミルトニアンは次で与えられる[11].

$$H_\theta[v,h] = -\sum_{i,j} w_{i,j} v_i h_j - \sum_i b_i v_i - \sum_i c_i h_i. \tag{12.18}$$

そして確率分布は, 次のようになる.

$$P_\theta^{\rm RBM}(v,h) = \frac{1}{Z_\theta} e^{-H_\theta[v,h]}. \tag{12.19}$$

ただし $\theta = \{w_{i,j}, b_i, c_i\}$ である. 与えられたデータないし配位 $\{v_i\}$ に対して, 確率分布を最大化するようにパラメータ $\theta = \{w_{i,j}, b_i, c_i\}$ を調節する. これはイジング模型の配位があるときに温度などを推定するのと同じ問題となっている. ボルツマンマシンの学習とは, まさに温度などに対応するパラメータ $\theta = \{w_{i,j}, b_i, c_i\}$ を調節を行うことに対応する *15).

さて, 制限ボルツマンマシンを格子場の理論に応用したいとすると, スピンのように2値ではなく, 連続値をとれる必要がある. そのような拡張を施したものをガウシアン制限ボルツマンマシン (Gaussian restricted Boltzmann machine,

---

*14) これは, 条件的独立性という性質に対応する[11].

*15) ただし単純に勾配法を使って最適化を試みても, 自由エネルギーに対応する $\log Z_\theta$ の部分が難しいことが知られている. これを避けるために contrastive divergence (CD) 法というものが使われる[11].

GRBM) と呼ぶ[11]．そのハミルトニアンは，

$$H_\theta^{\mathrm{GRBM}}[\phi,h]=\sum_n\frac{(\phi_n-a_n)^2}{2m_n^2}-\sum_j b_jh_j-\sum_{n,j}\frac{\phi_n}{m_n}w_{nj}h_j \tag{12.20}$$

と書ける．ここで $\theta=(a_n,m_n,b_j,w_{nj})$ である．可視層のトレーニングパラメータは，各点での平均値 a_n と各点での分散 m_n^2 である．学習パラメータ θ のトレーニングにより *16)，可視層の分布を狙った分布に一致させる．もし学習が完全に成功していた場合，このモデルからのサンプリングは，実は詳細釣り合いを満たすことが知られている[7]．詳細釣り合いを満たすマルコフ連鎖は，収束するのでこれを用いたアルゴリズムを考えることができるのである．

12.3 ボルツマン HMC 法

ここからは，筆者らが提案・研究したボルツマン **HMC** 法について説明する．実は，ここまで説明した事項を組み合わせることで実現できる．アルゴリズムは以下のようになる．

1) 初期配位 ϕ を用意する．
2) HMC 法を用いて配位 ϕ を ϕ_2 に更新する．
3) 学習済みの GRBM を用いて ϕ_2 を更新する．
4) HMC 法を用いて配位 ϕ_2 を ϕ_3 に更新する．
   ϕ_3 を ϕ と呼び直し保存，2 へ

もしボルツマンマシンの学習が完全に成功していれば，このアルゴリズムは収束することが示せる *17)．実際の手順としては，1. HMC 法を用いて配位を生成する，2. 生成した配位を用いて GRBM をトレーニングする，3. ボルツマン HMC 法を用いて配位を生成する，となる．ステップ 1，2 で，従来の手法での配位生成が必要となりオーバーヘッドがあるが，ボルツマン HMC 法で生成される配位の自己相関時間が十分短ければ，全体として高効率に配位を生成し，物理量の期待値が求まることになる．こうやって提案したボルツマン HMC 法であるが，チェックすべき点が二つある．一つ目は，自己相関時間が果たして

*16) ガウシアン制限ボルツマンマシンも制限ボルツマンマシン同様に学習の困難を抱えており，同様に CD 法で学習される．

*17) CD 法が詳細釣り合い学習となるため[11]．

本当に短くなっているか．二つ目は，物理量の再現性である．学習が成功しているかを確認するためにも 2 点目が重要である．これらのテストを，4 次元よりも計算コストの軽い 3 次元の ϕ^4 模型を用いて行った．

12.3.1　実 験 結 果

ここでは，ボルツマン HMC 法の数値実験の結果を述べる．ϕ^4 模型は，$\phi(x)$ の時空平均（真空期待値）が 0 の対称相，それ以外の破れ相という相を持つ．この二つの相で，自己相関関数および物理量（真空期待値，作用密度）を調べた．

まず自己相関関数を見る．結果は，図 12.1 である．Modified BHMC が本章で触れたアルゴリズムの結果であるが HMC 法と同じコストで最悪でも同程度の自己相関を示していることがわかる．

次に物理量の確認である．まず対称相から見てみると，図 12.2 のようになり，厳密な結果（HMC 法）と等しい結果を与えている．次に破れ相の結果（図 12.3）を見る．真空期待値（左図）はあっているが，作用密度は，厳密な結果（HMC 法）と異なる結果を与えている．原因の解明はできていないが，ボルツマンマシンの表現性能の限界かトレーニング不足が考えられる要因である．

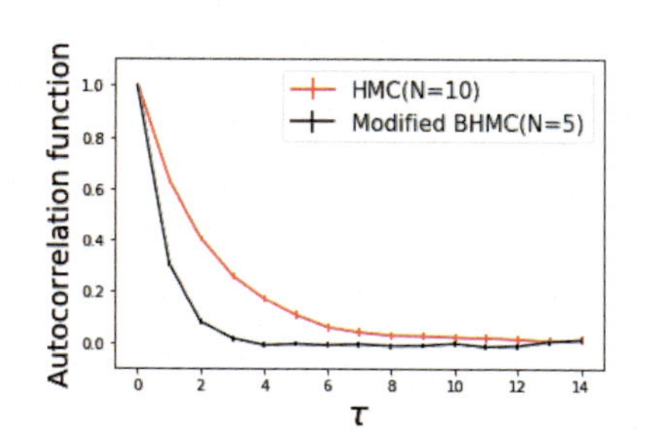

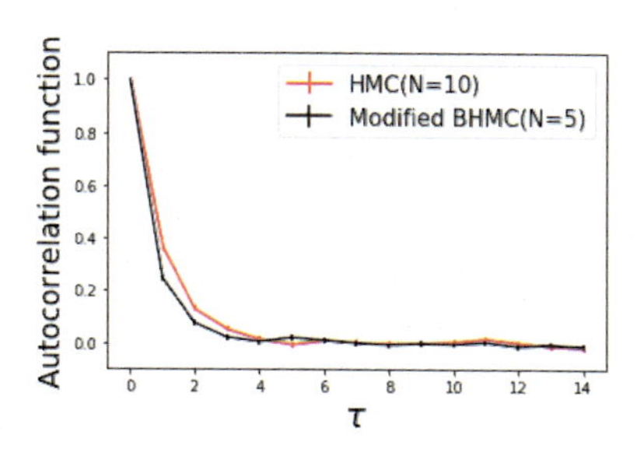

図 12.1　規格化した自己相関関数．左が対称相，右が破れ相の結果．Modified BHMC が本章で触れたアルゴリズムの結果であるが，HMC 法と同じコストで最悪でも同程度の自己相関を示している．N は，HMC 法内のシンプレクティック積分の時間分割の逆数である．HMC 法自体のコストが同じようになるようにとってある．

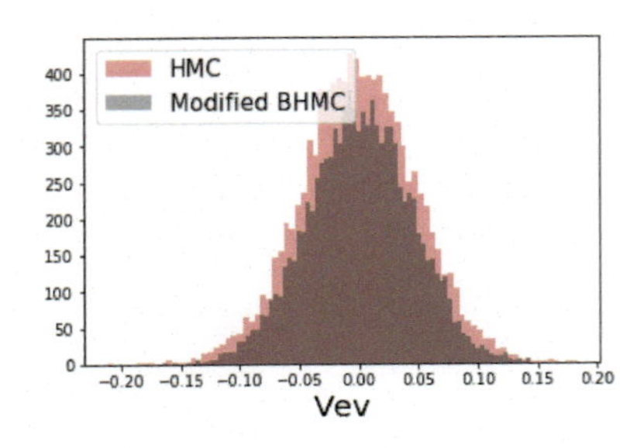

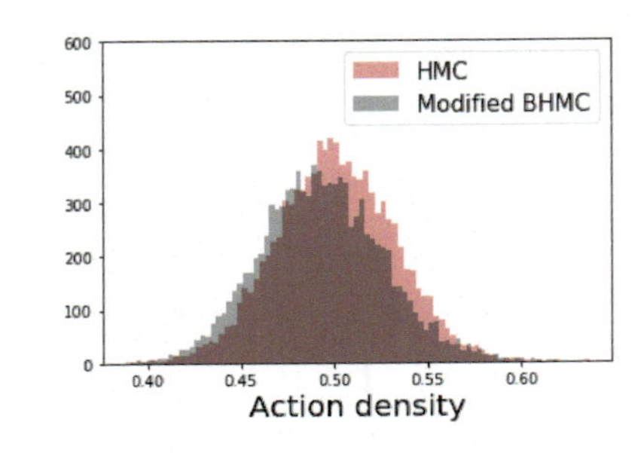

図 12.2　対称相での物理量の比較．スカラー場の真空期待値（左）と作用密度（右）．よい精度で一致している．

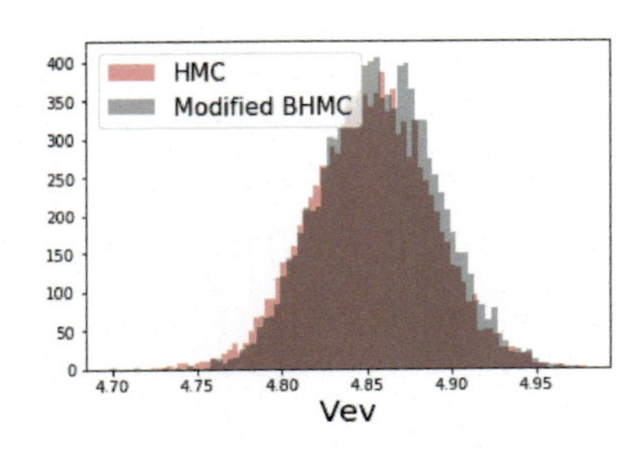

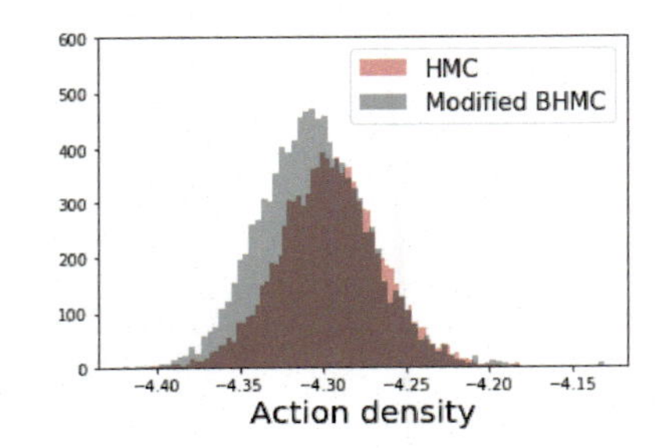

図 12.3　破れ相での物理量の比較．スカラー場の真空期待値（左）と作用密度（右）．作用密度がわずかにずれている．

12.4　ま　と　め

本章では，格子場の理論，HMC 法，ボルツマンマシン，そしてボルツマン HMC 法について議論してきた．HMC 法は格子 QCD を超えて幅広く使えるアルゴリズムであるが，一般のマルコフ連鎖モンテカルロ法と同じく自己相関時間があった．筆者らは，ボルツマン HMC 法を提案し自己相関時間が減ることを報告した．一方で破れ相では作用密度の分布が HMC 法のものとずれていた．今後は，学習アルゴリズムや機械学習模型を改良することにより厳密に収束し，かつ自己相関の短い格子 QCD 向けのアルゴリズムの開発が望まれる．

作業環境

ここでは，MacBook Pro 上で Python と Chainer を用いて計算した．

［富谷昭夫］

文　献

1) ALPHA Collaboration, “Critical slowing down and error analysis in lattice QCD simulations” Nucl. Phys. B, **845** (2011), 93-119 (2010).
2) K. G. Wilson, “Confinement of quarks” Phys. Rev. D, **10** (8), 2445–2459 (1974).
3) 青木慎也，『格子上の場の理論』シュプリンガー・ジャパン (2005).
4) N. Madras and A. D. Sokal, “The pivot algorithm: A highly efficient Monte Carlo method for the self-avoiding walk” J. Stat. Phys., **50**(1-2), 109–186(1988).
5) G. E. Hinton and T. J. Sejnowski, “Learning and relearning in Boltzmann machines” In *Parallel Distributed Processing: Explorations in the Microstructure of Cognition. Volume 1: Foundations*, pp.282–317, MIT Press (1986).
6) J. J. Hopfield, “Neural network and physical systems with emergent collective computational abilities” PNAS, **79** (8), 2554–2558 (1982).
7) 前田新一・青木佑紀・石井　信，「Detailed Balance Learning によるマルコフ連鎖の学習」日本神経回路学会全国大会講演論文集, **19**, 40–41(2009).
8) S. Duane, A. D. Kennedy, B. J. Pendleton, and D. Roweth, “Hybrid Monte Carlo” Phys. Lett. B, **195** (2), 216–222 (1987).
9) N. Metropolis, A. W. Rosenbluth, M. N. Rosenbluth, A. H. Teller, and E. Teller, “Equation of state calculations by fast computing machines” Chemical Physics, **21** (6), 1087-1092 (1953).
10) 大槻義彦・小牧研一郎（編），牧野淳一郎（著），『パソコン物理実地指導』共立出版, 1999.
11) 人工知能学会（監），神嶌敏弘（編），麻生英樹・安田宗樹・前田新一・岡野原大輔・岡谷貴之・久保陽太郎・ボレガラ, ダヌシカ（著），『深層学習 Deep Learning』近代科学社, 2015.

第 13 章

深層学習と超弦理論

13.1 逆問題と超弦理論のホログラフィー原理

13.1.1 量子重力理論の問題

超弦理論は量子重力理論の候補であり，長らく研究が続けられてきた．ここで「候補」と呼ばれるのには理由がある．「量子重力理論」を完成させることは基礎科学の最も重要な課題の一つであるが，量子重力理論とは，20 世紀の物理学における二つの金字塔である量子力学とアインシュタイン重力理論を統合的に計算できる枠組みのことである．量子重力理論を完成させるには，主要な二つの問題を解決せねばならない．まず第一に，アインシュタイン重力理論の摂動的量子論を計算可能な形にし，重力子を含む素粒子の摂動的ループ計算などを有限に計算する枠組みを提供すること．第二に，ブラックホールや初期宇宙など，重力が非常に強い場合や時空特異点を持つような場合にも適用可能な枠組みであること，である．これら二つの課題を口でいうにはやさしいが，その解決への長い年月は未だ実を結んでいない．

まず第一の点についてであるが，通常，量子力学，もしくは場の量子論の摂動論では，繰り込みという処方を用いて，摂動の高次で発生するループダイアグラムによる計算上の無限大の発散を有限化する．アインシュタインの重力理論を平坦な時空のまわりの微小重力場という形で量子化を試みると，ループダイアグラムの発散を繰り込むためには無限種類の項が必要となり，したがって繰り込み可能ではない．超弦理論は，場をなす素粒子が点ではなくひも状の 1 次元物体であることを出発点とすることにより，まず，閉じた弦が矛盾なく運動できる時空という要求から自動的にアインシュタイン方程式を導出し，平坦な時空における閉弦のループを有限にする独自の機構を用いて，摂動論を意味のあるものにする．そのため，第一の課題を解決すると考えられている *1)．

第二の課題は非常に難しく，超弦理論においてもよくわかっていない．ただし，特殊な静的ブラックホールについて，ベケンシュタイン・ホーキング (Bekenstein-Hawking) のエントロピー公式を弦のミクロな状態の数え上げから再現することができることなどが知られており，ブラックホールという特異点を有する時空の性質をミクロに量子力学的に与える枠組みであることは確かである．

13.1.2　ホログラフィー原理

このような状況で弦理論のブラックホールの研究から登場したのが**ホログラフィー原理** (holographic principle) である．ホログラフィー原理は，AdS/CFT 対応とも呼ばれ，重力を含まない場の量子論と，量子重力理論の等価性を主張する予想である．J. マルダセナ (Maldacena) が唱えた最初のホログラフィー原理の例[1) では，場の量子論側は $\mathcal{N}=4$ 超対称ヤン・ミルズ (Yang–Mills) 理論，そして量子重力側は $AdS_5 \times S^5$ という背景時空上の IIB 型超弦理論，となることが予想された．この予想は，ヤン・ミルズ理論のゲージ群 $SU(N)$ の $N \to \infty$ の極限かつ強結合の極限においては，様々な物理量について検証が進み，予想に異論を唱える者はおそらくいない．しかし，それらの二つの理論が等価であるという証明は現時点で存在していない．一方で，超弦理論の描像に基づいて，様々なペアが提案され，検証されてきた．これらのペアは無数にあり，一般に次の GKP ウィッテン関係式 (GKP–Witten relation)[2,3) と呼ばれる等式で関係づくと考えられている．

$$Z_{\mathrm{QFT}}[J] = Z_{\mathrm{gravity}}[\phi|_{z=0} = J]\,. \tag{13.1}$$

ここで Z は理論の分配関数と呼ばれ，経路積分による量子化が可能な場の量子論であるなら，

$$Z_{\mathrm{QFT}} \equiv \int \mathcal{D}A\, \exp\left[-S_{\mathrm{QFT}}[A] - \int d^d x (J(x)\mathcal{O}(x))\right] \tag{13.2}$$

と書かれるものである *2)．S_{QFT} はその d 次元時空上の場の量子論のラグラ

*1)　このためには，4 ではない時空次元を取り扱う必要があり，高次元時空の存在を予言している．
*2)　より正確には「生成汎関数」と呼ばれるものである．

ンジアンを全時空積分した作用であり，その作用は局所場 $A(x)$ で書かれているとしている．また $\mathcal{O}(x)$ は場 $A(x)$ の複合演算子で，ソース $J(x)$ によって場の理論に供給されている [*3]．

一方，式 (13.1) の右辺は重力理論であるから，その量子論は一般にはわかっておらず，分配関数が定義されない．しかし，その古典極限はアインシュタイン重力や IIB 型超重力理論として定義されているため，書くことができる．

$$Z_{\text{gravity}}[\phi|_{z=0} = J] = \exp\left[-S_{\text{gravity}}^{\text{on-shell}}[\phi]\right]. \tag{13.3}$$

ここで「on-shell」とは作用から与えられる古典運動方程式の解を作用に代入したものを意味する．したがって，古典極限での作用を考えていることになる．重力理論は，式 (13.1) 左辺の場の量子論とは違って $d+1$ 次元時空で定義されており，新たな空間座標を z と書いている．その境界 $z=0$ では重力理論の場 ϕ の境界条件が $\phi(z=0,x)=J(x)$ となるようにとり [*4]，そして，$z=0$ 近辺は $d+1$ 次元の反ドシッター時空 AdS_{d+1} になっているとする．

場の量子論 S_{QFT} が与えられたときに，ある重力理論 S_{gravity} が存在し，その重力が古典化する極限が，式 (13.1) の左辺でも何らかの極限として存在して，式 (13.1) があらゆる $\mathcal{O}$ について成立するとき，「場の量子論は重力双対を持つ」という．このような二つの理論の等価性を，ホログラフィー原理と呼ぶ．

13.1.3 逆問題としてのホログラフィー原理

さて，ホログラフィー原理の最も重要な例（上記のマルダセナによる最初の例）さえその導出の証明が与えられていないため，依然としてホログラフィー原理は予想である．しかし，これは逆にいうと，量子重力理論を定義する関係式であるということもできる．すなわち，量子的な取り扱いが確立していない重力理論について，式 (13.1) をもって左辺の場の量子論で量子重力理論を定義する，と考えるのである．そうすれば，ホログラフィー原理が成り立つペアについては，量子重力理論が定義できることになる．ここで，定義に際しては，右辺の重力理論が古典になる極限で，式 (13.1) が成立することを保証しておか

[*3] 簡単な例でいうならば，$A(x)$ は電子の場 ψ であり，$\mathcal{O}=\overline{\psi}\gamma_\mu\psi$ は電子によって作られる電流や電荷密度であり，そして $J(x)=A_\mu(x)$ は背景の電磁場である．ただし，1 種類のフェルミオンだけの理論については，ホログラフィー原理が成立するとは考えられていない．

[*4] この同一視は $\mathcal{O}$ の共形次元に依存するのだが，ここでは割愛する．

ねばならない．それが保証されたならば，極限からの逸脱を，量子重力理論の定義として用いることができるのである．

では，場の量子論の作用が与えられたときに，どのように，式 (13.1) を満たすような対応する古典重力理論を導き出すことができるのだろうか．この問題は，逆問題の一種と考えることができる．順問題の意味でのホログラフィー原理は，まず，対応のある古典重力理論を持ってきて，それを用いて右辺を計算し，左辺で元々強結合のために計算しにくかった量を導出する，という手続きである．一方，上で述べたような古典重力を求める問題は逆問題である．例えば，量子色力学のような場の量子論が左辺で与えられたときに，それを再現するような右辺の古典重力理論を求めることができるだろうか．その場合の古典背景時空は何であろうか．

逆問題は，機械学習の得意とするところである．以下では特に，深層学習とホログラフィー原理の奇妙な類似性について説明しながら，いかにこの逆問題を解くか，その一例を紹介する．

13.2 ニューラルネットワークを時空と考えられるか

13.2.1 ホログラフィー原理と深層学習の類似性

まずは図 13.1 を見てほしい．上がホログラフィー原理の概念図であり，下が深層ボルツマンマシン (deep Boltzmann machine)[7] の概念図である．これらの概念がどのように似ているのかを，まずは解説しよう [*5)]．

ホログラフィー原理において，場の量子論（図では CFT すなわち conformal field theory，共形場理論）は $z=0$ の境界条件に関係して現れるため，$z=0$ における時空（座標 x で張られる）で表されている．場の量子論のソース付き分配関数 $Z_{\mathrm{QFT}}[J]$ が，z を含む時空上の量子重力理論であるという等価性の式 (13.1) を，ホログラフィー原理と呼んでいる．図では右端がブラックホールとなっているが，一般に右端は，場の量子論の低エネルギーでの振る舞いを表しており，熱的な場の量子論であればブラックホール，質量ギャップがあるような場の量子論であれば時空がそこで切れてしまうような状況が実現されると

*5)　本節の内容は，論文[4] に基づく．

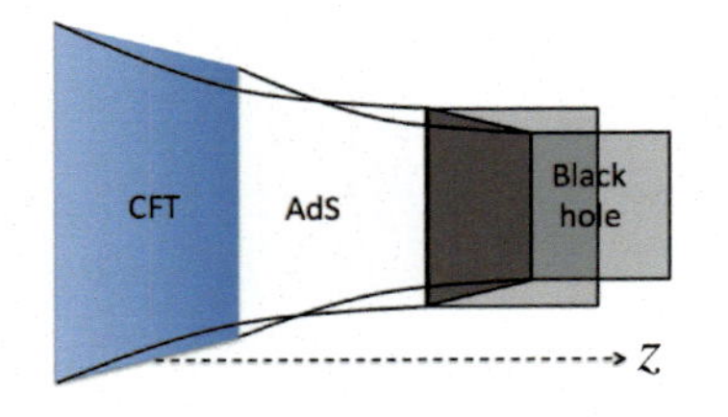

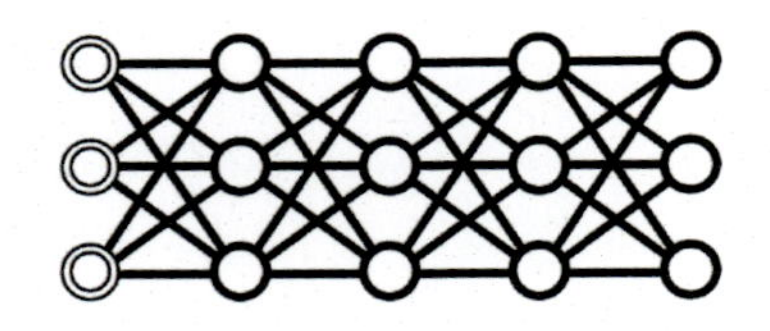

図 **13.1** 上：ホログラフィー原理の概念図．下：深層ボルツマンマシンの概念図．ホログラフィー原理における重力側の時空自体が，ボルツマンマシンの隠れ層と対応すると考えられる．

考えられている．すなわち，創発する z の方向は，場の量子論のエネルギースケールにおおよそ対応しており，$z=0$ が UV，z が大きい領域が IR の低エネルギー領域である．

一方，深層ボルツマンマシンを見てみよう．ボルツマンマシン *6) は確率分布を学習するニューラルネットワークである．図の左端は，二重円で示された可視ユニットが並ぶ可視層となっており，一方，その右側に並ぶ円は隠れユニットと呼ばれ，それらの間の結合の強さなどを調節することで，可視ユニットに代入される値が実現される確率を学習することができる．隠れユニットの並ぶ隠れ層の数が多いボルツマンマシンを深層ボルツマンマシンと呼ぶ．隠れユニットの数を十分多くすれば，あらゆる確率分布を近似することができることが知られている[8)]．

深層ボルツマンマシンは，ユニットの配列とその間のネットワーク構造が与えられたとすると，次のような確率分布を生むものである．

$$P(v_i) = \sum_{h_i^{(k)}} \exp\left(-\mathcal{E}\left(v_i, h_i^{(k)}\right)\right) . \tag{13.4}$$

ここで，エネルギー関数 $\mathcal{E}$ は次のように与えられる：

---

*6) ボルツマンマシン自体については，本書の他の応用研究でも解説されているので，参照してもらいたい．

$$\mathcal{E} \equiv \sum_{i,j} w_{ij}^{(0)} v_i h_j^{(1)} + \sum_{k=1}^{N-1} \left[\sum_{i,j} w_{ij}^{(k)} h_i^{(k)} h_j^{(k+1)} \right] . \tag{13.5}$$

ラベル k は隠れ層の番号 $k = 1, 2, 3, ..., N$ を示し，$v_i = 0, 1$ は可視ユニット，$h_i^{(k)} = 0, 1$ は隠れユニットである．ユニットは 2 値をとるものとする．w は「重み」と呼ばれる量で，ニューラルネットワークの構造図 13.1 においては実線で示され，実数値をとる．ボルツマンマシンのエネルギー関数は，ユニットの双線型構造で与えられ，確率分布は物理学での熱的カノニカル分布 (13.4) とするわけである．隠れユニットについて和をとることで，得られる確率分布は可視ユニットの値の関数となる．隠れ層の重みのパラメータを多く持ってくることで，再現できる確率分布の関数形のバラエティーが担保される．

ボルツマンマシンの学習は次のように進む．まず，学びたい確率分布 $P_{\rm ev}(v_i)$ がデータから近似的に与えられたとしよう．確率分布は可視ユニット値 v_i の関数である．この確率分布をボルツマンマシン $P(v_i)$ で近似したいとする．ニューラルネットワークの構造を用意すれば，学習とは，可変パラメータである重み w を徐々に変更していくことで，カルバック・ライブラー情報量

$$D_{\rm KL}\left(P_{\rm ev}(v_i) \middle|\middle| P(v_i)\right) \equiv \sum_{\{v_i\}} P_{\rm ev}(v_i) \log \frac{P_{\rm ev}(v_i)}{P(v_i)} \tag{13.6}$$

を小さくする方向，すなわち確率分布同士が似る方向に，進めることである．学習が進めば，重み w が自動的にきまっていく．

この構造に，ホログラフィー原理との類似性が現れていることに読者は気づくだろう．まず，深層ボルツマンマシンにおいて，見えている部分は可視層であり，それはニューラルネットワークの端に位置している．一方，ホログラフィー原理において，「見えている部分」は場の量子論であり，時空の $z = 0$ という端に位置している．また，深層ボルツマンマシンでは確率分布 (13.4) が与えられるが，ホログラフィー原理では量子重力理論の分配関数 (13.3) が与えられる．これらは式の上で同じ形をしており，隠れユニットが重力理論の場に対応することが見てとれる．対応するものを表の形でまとめたものを表 13.1 に示す．

13.2.2 ネットワークの重みと曲がった時空

ホログラフィー原理と深層ボルツマンマシンの同一視をするならば，その同

表 13.1　ホログラフィー原理と深層学習を同一視した場合の辞書.

ホログラフィー原理	深層学習
創発する時空	ニューラルネットワーク
創発する座標 z	隠れ層のラベル k
場の量子論のソース $J(x)$	可視ユニット値 v_i
重力理論の場 $\phi(x,z)$	隠れユニット値 $h_i^{(k)}$
重力理論の作用 $S[\phi]$	エネルギー関数 $\mathcal{E}(v_i, h_i^{(k)})$
重力理論の運動方程式	ネットワーク伝搬の方程式

一視において重要なのは，重力が司る時空とニューラルネットワークとの同一視である．すなわち，ネットワークの構造や重みの振る舞いが特定の種類をとるときには，それをスムーズな時空を離散化したものと考えることができる，ということである．

具体的な例を見ていくことにしよう．重力側の理論として，曲がった $d+1$ 次元時空におけるスカラー場 ϕ の理論を書いてみる．

$$S = \int d^d x dz \, \frac{1}{2} \left[a(z)(\partial_z \phi)^2 + b(z) \sum_{I=1}^{d-1} (\partial_I \phi)^2 + d(z)(\partial_\tau \phi)^2 + c(z) m^2 \phi^2 \right] .$$

時間はユークリッド化し，d 番目の座標として $\tau \equiv x^d$ としてある．重力理論ならば重力場を入れるべきであるが，ここではまずスカラー場について考えよう．簡単のため，曲がった時空のメトリックは z にのみ依存すると仮定し，$g_{11}(z) = \cdots = g_{d-1,d-1}(z)$ としよう．このときメトリックと作用の中の関数の関係は

$$a(z) = [g_{11}(z)^{d-1} g_{dd}(z)/g_{zz}(z)]^{1/2}, \qquad b(z) = [g_{11}(z)^{d-3} g_{dd}(z) g_{zz}(z)]^{1/2},$$
$$c(z) = [g_{11}(z)^{d-1} g_{dd}(z) g_{zz}(z)]^{1/2}, \qquad d(z) = [g_{11}(z)^{d-1} g_{zz}(z)/g_{dd}(z)]^{1/2}$$

と得られる．$z \sim 0$ では漸近 AdS_{d+1} 時空

$$ds^2 = L^2 \frac{dz^2 + \sum_{\mu=1}^{d} (dx^\mu)^2}{z^2} \quad (z \sim 0) \tag{13.7}$$

となっている．ここで L は AdS 半径である．

さて，この作用を離散化してみよう．時空の座標は (k, i, l) というラベルで表される．ラベル k は創発する z 座標であり，Δz を格子間隔として $z_k \equiv k\Delta z$ $(k = 0, 1, 2, ...)$ としよう．同様に x^I $(I = 1, 2, ..., d-1)$ と $\tau \equiv x^d$ を格子間隔 Δx と $\Delta\tau$ で離散化してラベル i と l をそれぞれ導入し，$x_{i,l}$ と書けばよい．する

と場 $\phi(x,z)$ は $h_{i,l}^{(k)} \equiv \phi(x_{i,l}, z_k)$ と書かれることになる．隠れユニットはスカラー場となり，深層ボルツマンマシンの層のラベルは創発空間 z の座標となる．AdS 空間の端 $k=0$ での場の値はちょうど可視ユニットに相当し，$v_{i,l} \equiv h_{i,l}^{(0)}$ とすればよい．

作用自体を離散化すると，ニューラルネットワークと曲がった時空の関係が見えてくる．z 微分項は

$$(\partial_z \phi)^2 = \lim_{\Delta z \to 0} \frac{(\phi(z_{k+1}) - \phi(z_k))^2}{(\Delta z)^2} \tag{13.8}$$

のようにそのまま離散化し，一方，他の微分項は

$$(\partial_\tau \phi)^2 = \lim_{\Delta\tau, \Delta z \to 0} \left[\frac{\phi(x_{i,l+1}, z_k) - \phi(x_{i,l}, z_k)}{\Delta\tau} \cdot \frac{\phi(x_{i,l+1}, z_{k+1}) - \phi(x_{i,l}, z_{k+1})}{\Delta\tau} \right]$$

のようにしておこう．離散化の方法はいくつもあるが，この形にするのは，制限ボルツマンマシンと呼ばれるニューラルネットワークであれば学習が進むからである．背景のメトリックも次のように離散化しておく．

$$a_k \equiv a(z=z_k), b_k \equiv b(z=z_k), \qquad c_k \equiv c(z=z_k)\, d_k \equiv d(z=z_k).$$

これらの離散化のもとで，重力側の作用は

$$\begin{aligned} S = \sum_{k,i,l} \Bigg[& a_k \frac{1}{2(\Delta z)^2} \left(h_{i,l}^{(k+1)} - h_{i,l}^{(k)} \right)^2 + c_k \frac{m^2}{2} \left(h_{i,l}^{(k)} \right)^2 \\ & + b_k \frac{1}{2(\Delta x)^2} \left(h_{i+1,l}^{(k)} - h_{i,l}^{(k)} \right) \left(h_{i+1,l}^{(k+1)} - h_{i,l}^{(k+1)} \right) \\ & + d_k \frac{1}{2(\Delta\tau)^2} \left(h_{i,l+1}^{(k)} - h_{i,l}^{(k)} \right) \left(h_{i,l+1}^{(k+1)} - h_{i,l}^{(k+1)} \right) \Bigg] \end{aligned} \tag{13.9}$$

と書かれる．容易にわかるように，この作用は深層ボルツマンマシンのエネルギー関数の形

$$S = \mathcal{E} \equiv \sum_k \left[\sum_{i,j} \sum_{l,m} \left\{ w_{ij,lm}^{(k)} h_{i,l}^{(k)} h_{j,m}^{(k+1)} + \widetilde{w}_{ij,lm}^{(k)} h_{i,l}^{(k)} h_{j,m}^{(k)} \right\} \right] \tag{13.10}$$

に書け，ここで重みは次の特殊な形をとることになる：

$$w^{(k)}_{ij,lm} \equiv -\frac{a_k}{(\Delta z)^2}\delta^j_i\delta^m_l + \frac{b_k}{2(\Delta x)^2}\left(2\delta^j_i\delta^m_l - \delta^j_{i+1}\delta^m_l - \delta^{j+1}_i\delta^m_l\right)$$
$$+\frac{d_k}{2(\Delta\tau)^2}\left(2\delta^j_i\delta^m_l - \delta^j_i\delta^m_{l+1} - \delta^j_i\delta^{m+1}_l\right), \tag{13.11}$$

$$\widetilde{w}^{(k)}_{ij,lm} \equiv \left(\frac{a_k + a_{k-1}}{2(\Delta z)^2} + m^2\frac{c_k}{2}\right)\delta^j_i\delta^m_l\,. \tag{13.12}$$

すなわち，ニューラルネットワークの重みが，時空のメトリックの情報を含んでいる．

重力側の場の経路積分 $\phi(x^I,\tau,z)$ は，隠れユニット $h^{(k)}_{i,l}$ $(k=1,2,...)$ の和をとることに対応するため，ホログラフィー原理の GKP-ウィッテン関係式 (13.1) は $Z_{\mathrm{QFT}}[J]=\sum_h \exp(-\mathcal{E})$ と書き換えられ，ソース関数との関係が $J(x_{i,l})=v_{i,l}=h^{(0)}_{i,l}$ と与えられることになる．うまく対応がついている．

特に注目したいのは，重み (13.11), (13.12) の特殊な形である．重みがこのように非常に制限された部分だけの要素を持つ場合にのみ，それが，元々はスムーズな時空上の作用を離散化したものであると解釈できる．一般に深層学習で用いられるニューラルネットワークでは，すべてのユニットがすべてのユニットと結合する「全結合」(fully connected) と呼ばれる形が基本的に用いられるが，場の理論との対応を見るには，全結合ではなくスパースな特殊なネットワークを用いる必要がある．その場合にのみ，ある時空上の場の理論であるとみなすことができる．

学習データとしての確率分布である，場の量子論の分配関数 $Z_{\mathrm{QFT}}[J]$ が与えられたとき，重力側をボルツマンマシンで書き直して，確率分布を学習させれば，何らかの重みの集合が得られる．今の場合それが，創発した時空である．

13.3 学習によって創発する時空

それでは，実際に学習を実装した例を紹介したい [*7]．深層ボルツマンマシンは学習に困難があるため，フィードフォワード型の通常の深層ニューラルネットワークを用いたい．ホログラフィー原理との対応は前述と変わらないが，フィードフォワード型ではニューラルネットワークの出口の部分で，アウトプットの

[*7] 本節の内容は杉下宗太郎氏，田中章詞氏，富谷昭夫氏との共同研究 [5,6] に基づく．

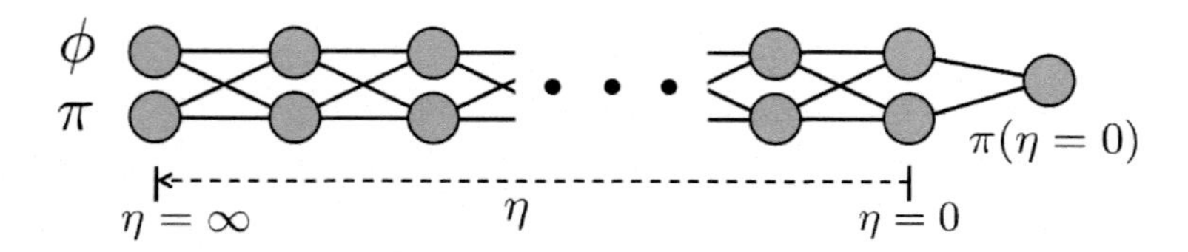

図 **13.2**　ホログラフィー原理をフィードフォワード型のニューラルネットワークに焼き直したもの.

教師データが必要となる点だけが異なる. 上述のように, ホログラフィー原理では z の大きな領域はブラックホールの地平面で切り取られている. したがって, そのような時空を伝搬する場は地平面境界条件を満たさねばならない. このことを基準として教師データを用意することにしよう.

入力を $x^{(1)}$, 出力を y としたフィードフォワード型のニューラルネットワークは

$$y\left(x^{(1)}\right)=f_i\varphi\left(w_{ij}^{(N-1)}\varphi\left(w_{jk}^{(N-2)}\cdots\varphi\left(w_{lm}^{(1)}x_m^{(1)}\right)\right)\right) \tag{13.13}$$

と定義される. ここで w は重みであり, 線形に行列をかけることを意味し, φ は活性化関数と呼ばれる非線形関数である. 先と同様, 曲がった時空上のスカラー場 ϕ の理論を相互作用項も含めて考えると,

$$S=\int d^{d+1}x\sqrt{-\det g}\left[-\frac{1}{2}(\partial_\mu\phi)^2-\frac{1}{2}m^2\phi^2-V(\phi)\right] \tag{13.14}$$

となり, メトリックは先ほど z と書いていた座標を再定義した η で書いておく:

$$ds^2=-f(\eta)dt^2+d\eta^2+g(\eta)(dx_1^2+\cdots+dx_{d-1}^2)\,. \tag{13.15}$$

ここで, $f(\eta)$ や $g(\eta)$ はメトリックの要素であり, 学習により創発的に決定される. 一般座標変換により, 後でニューラルネットワークに書き直しやすくするため, η 方向のメトリック要素を 1 とするゲージを採用した.

さて, 作用 (13.14) から従う運動方程式は

$$\partial_\eta\pi+h(\eta)\pi-m^2\phi-\frac{\delta V[\phi]}{\delta\phi}=0, \qquad \pi\equiv\partial_\eta\phi \tag{13.16}$$

のように書ける. 運動方程式を一階微分方程式にするために, 共役運動量のような場である π を導入した. このおかげで, 運動方程式はニューラルネットワークの伝播方程式 (13.13) の形で書くことができる.

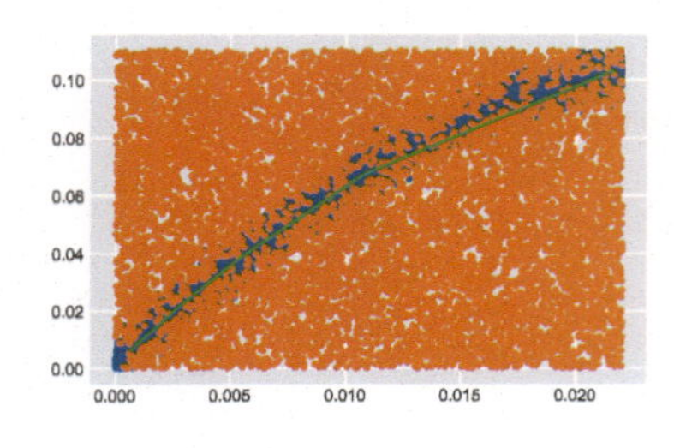

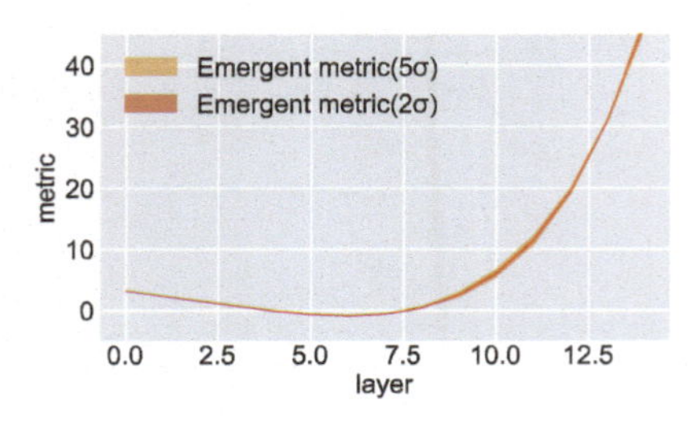

図 13.3 左：教師データ．横軸はクォーク質量 [GeV]，縦軸はカイラル凝縮 [GeV^3] で，格子 QCD 数値シミュレーションの詳細データから再構成した．青い点はポジティブ，オレンジの点はネガティブデータを表す．右：学習の結果得られたメトリック $h(\eta)$ は，多数の試行の結果，ほぼ同じ形を示した．

$$\phi(\eta+\Delta\eta)=\phi(\eta)+\Delta\eta\,\pi(\eta)\,, \tag{13.17}$$

$$\pi(\eta+\Delta\eta)=\pi(\eta)-\Delta\eta\left(h(\eta)\pi(\eta)-m^2\phi(\eta)-\frac{\delta V(\phi)}{\delta\phi(\eta)}\right). \tag{13.18}$$

ここで，メトリックは $h(\eta)\equiv\partial_\eta\log\sqrt{f(\eta)g(\eta)^{d-1}}$ のように再定義した．得られたニューラルネットワークは，重みが

$$w^{(n)}=\begin{pmatrix}1 & \Delta\eta\\ \Delta\eta\,m^2 & 1-\Delta\eta\,h(\eta^{(n)})\end{pmatrix} \tag{13.19}$$

のようにスパースになっており，そのために場の方程式として再解釈を許すようになっていることは前述のボルツマンマシンの場合と同じである．そして，重みの一部がメトリックを表すようになっている．図 13.2 に，その構造図を示す．

作用の相互作用項を $\lambda\phi^4$ とし，AdS 半径 [GeV^{-1}] と λ，m^2 も学習パラメータとして，カイラル凝縮の格子 QCD シミュレーションの結果を教師データとして学習を行った結果の創発時空を，図 13.3 に示す．得られたメトリックは，驚くべきことに，閉じ込め相と非閉じ込め相の両方の性質をあわせ持つ時空であり，QCD で知られるクロスオーバー相転移がまさに実現されていた [*8)]．

本章の例は，アナロジーを突き詰めることにより，物理において難しい逆問題へのアプローチを深層学習が与えうることを示している．そこには，ニュー

---

*8) 本章では，ニューラルネットワークと微分方程式／物理作用の関係を中心に解説を行った．紙面の都合上紹介できなかった詳細な学習の実装方法については，論文[5,6] を参照されたい．

ラルネットワークを時空や量子，場であると考える新しい解釈が待ち受けていた．物理学の概念を多く利用する機械学習では，今後も物理学への応用がしなやかに進むであろう．

作業環境

学習のコードには Python のライブラリとして PyTorch を用いた．コードの実行は，ラップトップパソコンの通常のパフォーマンスで十分であった．

［橋本幸士］

文　献

1) J. M. Maldacena, "The large N limit of superconformal field theories and supergravity" Int. J. Theor. Phys., **38**, 1113 (1999).
2) S. S. Gubser, I. R. Klebanov, and A. M. Polyakov, "Gauge theory correlators from noncritical string theory" Phys. Lett. B, **428**, 105 (1998).
3) E. Witten, "Anti-de Sitter space and holography" Adv. Theor. Math. Phys., **2**, 253 (1998).
4) K. Hashimoto, "AdS/CFT as a deep Boltzmann machine" Phys. Rev. D, **99**(10), 106017 (2019).
5) K. Hashimoto, S. Sugishita, A. Tanaka, and A. Tomiya, "Deep learning and the AdS/CFT correspondence" Phys. Rev. D, **98**(4), 046019 (2018).
6) K. Hashimoto, S. Sugishita, A. Tanaka, and A. Tomiya, "Deep learning and holographic QCD" Phys. Rev. D, **98**(10), 106014 (2018)
7) R. Salakhutdinov and G. Hinton, "Deep Boltzmann machines" In *Proceedings of the International conference on Artificial intelligence and statistics*, **12**, p.448 (2009).
8) N. Le Roux and Y. Bengio, "Representational power of restricted Boltzmann machines and deep belief networks" Neural computation, **20**(6) 1631 (2008).

索　　引

欧　文

あ　行

か　行

さ 行

た 行

編集者略歴

橋本幸士（はしもと こうじ）

1973年　広島県に生まれる
2000年　京都大学大学院理学研究科修了
現　在　大阪大学大学院理学研究科教授
　　　　理学博士

物理学者，機械学習を使う
—機械学習・深層学習の物理学への応用—　　定価はカバーに表示

2019年10月10日　初版第1刷
2025年5月25日　初版第5刷

編集者　橋　本　幸　士
発行者　朝　倉　誠　造
発行所　株式会社　朝　倉　書　店
東京都新宿区新小川町6-29
郵便番号　162-8707
電　話　03(3260)0141
FAX　03(3260)0180
https://www.asakura.co.jp

〈検印省略〉

印刷・製本　ウイル・コーポレーション

ISBN 978-4-254-13129-1　C 3042　　Printed in Japan